DAV
Deutscher Alpenverein

VERBAND DEUTSCHER BERG- U. SKIFÜHRER e.V.

Berge erleben
AVS
ALPENVEREIN SÜDTIROL

Wetter und Orientierung

blv

DAV Deutscher Alpenverein

Alpin-Lehrplan 6

Gerhard Hofmann
Michael Hoffmann
Rainer Bolesch

Inhalt

Vorwort

Bergsport im 21. Jahrhundert ist, allen Mediendarstellungen zum Trotz, keine lebensgefährliche Spinnerei geltungssüchtiger Zeitgenossen und kein Bühnenspiel mit publicityträchtigen Heldentaten. Die außerordentlichen Spitzenleistungen von Profis, die dank ihres Könnens große Gefahren mit verantwortbarem Risiko auf sich nehmen, sind nur der Aufmerksamkeit erregende Teil eines facettenreichen Sports.

Die Alpen sind das meistbesuchte Touristenziel Europas; sie bieten die natürlichen Voraussetzungen und die Infrastruktur für den Bergsport in seinen vielfältigen Ausprägungen, aber auch wilde einsame Landschaften. Ihre Besucher kommen mit den unterschiedlichsten Motivationen: Im Bergsport mit all seinen Spielformen, vom Wandern bis zum Wasserfallklettern, suchen sie Erholung, Steigerung der Gesundheit, Erlebnis oder auch Leistung. Man kann seine Freude im Erleben der Natur finden, in der Erfahrung des eigenen Körpers, am Erlebnis der Einsamkeit in selten besuchten Gebieten oder in der Gemeinschaft mit Gleichgesinnten. Der Gesundheitsnutzen ist für viele Bergsportler wichtig: Das Herz-Kreislauf-System bleibt fit durch die konditionelle Belastung und die benötigte Kraft stärkt Muskeln und Knochen, beugt Haltungsschäden und Osteoporose vor.

Selbst bei einer Hüttenwanderung kann der Leistungsorientierte auf die Uhr schauen; in den höchsten Schwierigkeiten oder großen Höhen finden sich klassische Leistungsziele zum Ausloten und Erweitern der eigenen Fähigkeiten. Der Erfolg im Leistungsstreben kann Erlebnis genug sein.

So ist Bergsteigen Gesundheits- und Erlebnissport, der sich mit verantwortbarem Risiko betreiben lässt. Egal, welche Motivation einen ins Gebirge führt: Die Grundlage für ein wertvolles Bergerlebnis und eine gesunde Rückkehr sind Technik, Taktik und theoretisches Wissen, gesteuert von Erfahrung und bewusstem Risikomanagement. Und die Grundlage für einen zukunftsträchtigen Sport im Einklang mit der alpinen Natur und ihren Bewohnern sind naturbezogene und ethische Verantwortung. Die wesentlichen Informationen dazu wollen der Alpenverein und der Verband deutscher Berg- und Skiführer mit der Alpin-Lehrplanreihe liefern. Die komplette Neuauflage der seit den 1970er-Jahren bestehenden Buchreihe umfasst alle wichtigen Facetten des Bergsports: Bergwandern, Klettern, Hochtouren, Skibergsteigen und – ganz aktuell – Mountainbike. Zusätzlich behandelt sie in eigenen Bänden die übergreifenden Themen Orientierung und Wetterkunde, Bergrettung und Alpinmedizin.

Die Lehrplanreihe ersetzt keine persönliche Ausbildung, etwa durch Kurse einer DAV-Sektion oder einer Berg- und Skischule. Doch sie kann Ihnen auf jeden Fall als Nachschlagewerk und zu Ihrer persönlichen Weiterentwicklung dienen. Ich wünsche Ihnen einen erlebnisreichen Aufenthalt in den Bergen und eine gesunde Rückkehr ins Tal.

Josef Klenner
Präsident des Deutschen Alpenvereins

Einführende Gedanken zum Alpin-Lehrplan

Geprägt von Stress und ständig unter dem beruflichen Erfolgsdruck leidend, zieht es immer mehr Ausgleichsuchende in die Berge. Auf der Suche nach Abenteuer oder dem inneren Gleichgewicht, finden sie hier ein breites aktives Betätigungsfeld, vom kurzen Kick bis zur wochenlangen Expedition auf die höchsten Gipfel der Welt.
Wer kennt nicht das einzigartige Gefühl nach einem anstrengenden Tag in den Bergen, mit sich und der Welt zufrieden nach Hause zu kommen und lange noch vom Erlebten zehren zu können.
Vorbei sind die Zeiten der Kniebundhosen und karierten Hemden. Das durchgestylte Equipment, passend zur Trendsportart, gehört genauso wie sportliche Höchstleistungen zum Alltag in den Bergen.
Eine steigende Nachfrage an geführten und organisierten Touren ist zu erkennen. Stand bis vor einigen Jahren wesentlich der klassische Führungsstil im Vordergrund, wird heute zudem noch mehr Gewicht auf Organisationstalent, Flexibilität und auch das Vermitteln von Emotionen gelegt.
Vom einstigen Heldentum ist man heute weit entfernt, vielmehr zählen sportliche Höchstleistungen in Verbindung mit optimiertem Risiko als Grundlage des modernen Bergsteigens. Das Sicherheitsdenken wurde vom Risikobewusstsein abgelöst.

Egal ob Profi-Bergführer oder ehrenamtlich in einer Organisation tätig, die Alpin-Lehrpläne gehören zur Pflichtlektüre, sie sollten die Grundlage von Kursen und Veranstaltungen sein.
Dem interessierten »Laien« bieten sie eine wichtige theoretische Einstiegshilfe.
Das richtige Erlernen aller Grundregeln ist die Basis für Erfolg und schöne Erlebnisse.
Von der Kursvorbereitung über Technik, Taktik bis zu anschaulichen Details ermöglichen die Inhalte eine solide Ausbildung und den richtigen Start in die jeweiligen Sparten des Bergsports.
Profis des Verbandes Deutscher Berg- und Skiführer in Zusammenarbeit mit dem Deutschen Alpenverein, die ihr Wissen und ihre jahrzehntelange Erfahrung einbringen, sorgen für die internationale Anerkennung der Lehrpläne als Fachliteratur.
Abschließend möchte ich allen Bergfreunden eine schöne, erlebnisreiche und unfallfreie Zeit in den Bergen wünschen, mit dem Gespür jeweils die richtigen Entscheidungen zu treffen.

Michael Lentrodt
Präsident Verband Deutscher Berg- & Skiführer

Grundlagen Wetterkunde

Die Atmosphäre

Die Atmosphäre ist die gasförmige Hülle der Erde; ihre Zusammensetzung ist für das Leben auf der Erde von entscheidender Bedeutung. Die Atmosphäre besteht aus einem Gemisch von Gasen, deren Hauptbestandteile der Stickstoff (rund 78 % Anteil) und der Sauerstoff (knapp 21 % Anteil) sind. Der Rest von weniger als 1 % verteilt sich auf verschiedene Edelgase und Spurenstoffe; zu Letzteren gehört auch das Kohlendioxid (CO_2), das sich trotz seines geringen Anteils spürbar auf den Strahlungshaushalt des Systems Erde – Atmosphäre und damit auch auf die Temperatur auswirkt. Alle diese Gase verändern mit Ausnahme des Kohlendioxids, das etwas größeren Schwankungen unterliegt, ihren Anteil in der Atmosphäre nicht. Selbst in einem Wald ist der Gehalt an Sauerstoff nicht größer als in einem Gebiet mit wenig Vegetation. Diese Zusammensetzung bleibt sogar bis in eine Höhe von rund 100 km gleich.

Aufbau und Schichtung der Atmosphäre

Der wichtigste veränderliche Bestandteil der Atmosphäre ist der Wasserdampf, der örtlich und zeitlich starken Schwankungen unterliegt. Das Wasser nimmt eine Sonderstellung in der Atmosphäre ein, da die vorkommenden Temperaturen sein Auftreten in allen drei Aggregatzuständen, nämlich Wasserdampf, Wasser sowie Eis und Schnee, ermöglichen. Wasser und Wasserdampf spielen die ausschlaggebende Rolle im Wettergeschehen; besonders bei den Übergängen von Wasserdampf zu Wasser und von fest zu flüssig und umgekehrt werden große Energiemengen umgesetzt.

Das Wetter spielt sich nur in einem kleinen Teil der Atmosphäre ab, in der Troposphäre, der untersten Luftschicht. Sie wird nach oben begrenzt von der Tropopause, einer sehr stabilen Schicht, sodass kein Luftaustausch zur darüber liegenden Stratosphäre stattfindet. Die Troposphäre hat in Abhängigkeit von der Temperatur eine unterschiedliche Mächtigkeit; über den Polen ist sie ca. 6 bis 8 km, im Bereich des Äquators ca. 15 bis 17 km stark. Sie ist gekennzeichnet durch ausgeprägte Vertikalbewegungen und damit einer ständigen Durchmischung der Luft.

Die Obergrenze der Troposphäre wird als Tropopause bezeichnet; ihre Temperatur liegt über den Polen bei – 45 bis – 50 °C, über dem Äquator in wesentlich größerer Höhe bei – 80 °C. Die Tropopause ist eine dünne Grenzschicht mit der Wirkung einer Sperrschicht, da die Temperatur oberhalb, in der Stratosphäre, zunächst konstant bleibt (auch als untere Stratosphäre bezeichnet), dann allmählich sogar zunimmt. Die Zunahme der Temperatur erreicht in der oberen Stratosphäre rund 2,5 K/km; der Grund ist das in der Höhe zwischen etwa 20 und 50 km in der Atmosphäre enthaltene Ozon. Temperaturdifferenzen werden üblicherweise nicht in °C, sondern mit K = Kelvin (absolute Temperaturskala) bezeichnet; der Zahlenwert der Differenz bleibt gleich.

Ozonschicht

Die bedeutende Rolle des Ozons im Strahlungshaushalt der Atmosphäre besteht in der fast vollständigen Absorption der energiereichen kurzwelligen Strahlung der Sonne, dem UV-Licht mit einer Wellenlänge von weniger als 0,29 µm. Alles Leben auf der Erde wird da-

Verlauf der Temperatur in den unteren Stockwerken der Atmosphäre

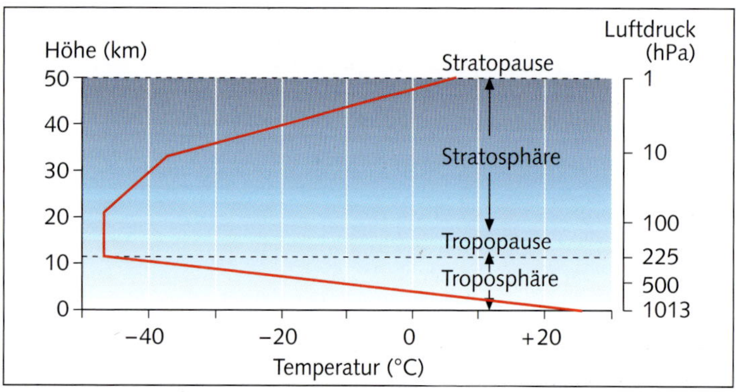

durch vor diesem gefährlichen Strahlungsanteil geschützt; die Folge dieser Energieaufnahme ist die Erwärmung der oberen Stratosphäre. Die Ozonschicht weist von der geographischen Breite abhängige und teilweise erhebliche natürliche jahreszeitliche Schwankungen auf. Im Frühjahr und in den ersten Sommermonaten sind diese besonders groß, von einem Tag zum anderen können Abnahmen von 20 % vorkommen, über mehrere Tage hinweg Reduktionen von bis zu 30 % gegenüber jährlichen Mittelwerten. Vom Menschen erzeugte Spurengase, allen voran die Fluorchlorkohlenwasserstoffe (FCKW), beeinflussen das Ozongleichgewicht in der Stratosphäre zusätzlich und führen bisher vor allem über der Antarktis zu einem Rückgang der Ozonkonzentration. Aber auch in mittleren Breiten und damit im Alpenraum wird die Ozonschicht weiter dünner, obwohl nachweislich die Konzentration von FCKW oder Chlor als Hauptverursacher abnimmt; sie haben aber immer noch ein hohes und für die Ozonschicht schädliches Niveau. Im Jahr 2004 ergaben die Messungen für Mitteleuropa in 40 km Höhe die niedrigsten Werte seit Beginn der kontinuierlichen Messreihe 1987.
Die Stratosphäre reicht bis zu einer Höhe von rund 50 km und endet dort an der Stratopause; hier liegt die Temperatur im Mittel etwa bei 0 °C. Mit der Mesosphäre (bis 80 km), der Thermosphäre (bis 500 km) und der Exosphäre (über 500 km) folgen die weiteren Stockwerke der Atmosphäre.

Adiabatische Vorgänge

Die zuvor genannten häufigen Vertikalbewegungen in der Atmosphäre unterliegen physikalischen Gesetzmäßigkeiten, den adiabatischen Prozessen. Dies sind Vorgänge in der Atmosphäre, bei denen sich zwar die Eigenschaften der Luft wie Temperatur, relative Feuchte oder Druck ändern, aber kein Energieaustausch zwischen einem Luftpaket und seiner Umgebung stattfindet. Die Änderung der Temperatur für ein sich in der Vertikalen bewegendes Luftpaket lässt sich über die barometrische Höhenformel berechnen; sie ergibt für ein aufsteigendes Luftpaket eine Temperaturabnahme von 1 K/100 m, für ein absinkendes eine Erwärmung von 1 K/100 m. In einem mit Feuchte gesättigten Luftpaket, also einer Wolke, läuft beim Aufsteigen ein weiterer Prozess ab, da Luft einer bestimmten Temperatur nur eine begrenzte Menge Wasserdampf enthalten kann (siehe Seite 14). Kühlt Wolkenluft durch Aufsteigen weiter ab, kondensiert der überschüssige Wasserdampf; dabei wird Wärme frei, und zwar die gleiche Menge, die zuvor notwendig war, um Wasser zu Wasserdampf verdunsten zu lassen. Diese zugeführte Wärme vermindert die Temperaturabnahme gegenüber dem trockenadiabatischen Aufsteigen; im Mittel kühlt feuchtadiabatisch aufsteigende Luft nur um rund 0,6 K/100 m ab. Feuchtadiabatisches Absinken gibt es nur über kurze Distanz, solange noch Wolkentröpfchen vorhanden sind und deren Verdunsten Wärme verbraucht; weiteres Absinken erfolgt trockenadiabatisch.

Inversion, Stabilität und Labilität

Die Temperatur nimmt in der Troposphäre mit der Höhe im Mittel um rund 0,6 bis 0,65 K pro 100 m ab, da mit abnehmendem Luftdruck sich die Luft ausdehnen kann und diese »Arbeit« Energie verbraucht, die zu einer Temperatursenkung des Luftpaketes führt. Diese Größe nennt man auch den Temperaturgradienten, hier speziell den vertikalen. In größeren Gebirgen nimmt die Temperatur nur um rund 0,55 K ab. Grund sind die häufigen Inversionswetterlagen mit Ansammlung von kalter Luft in den Tälern. Inversion bedeutet eine »Umkehrung«, in der Meteorologie gleichbedeutend mit Temperaturumkehr. Die genannte »normale« Abnahme der Temperatur mit der Höhe wird in einer mehr oder minder dicken Schicht unterbrochen, in der die Temperatur mit der Höhe zunimmt. Man unterscheidet als wichtigste:

Absinkversionen über dem Alpenvorland mit Untergrenze bei rund 800 m üNN.

- Die Boden- oder Strahlungsinversion, das Ergebnis der nächtlichen Ausstrahlung und Wärmeabgabe der Bodenoberfläche mit daraus resultierender Abkühlung der bodennahen Luftschicht. Im Gebirge kann die Bodeninversion im Laufe einer Nacht deutlich mehr als 500 m hoch werden. Im Alpenvorland wird die Bodeninversion 2 bis 300 m mächtig.
- Die Aufgleitinversion: Sie entsteht an einer Warmfront beim, wie der Name besagt, Aufgleiten warmer Luft auf kalte.
- Die Absinkinversion, die an der Untergrenze einer absinkenden Luftmasse entsteht. Diese Bewegung nach unten führt zur Erwärmung und Austrocknung der Luft.

Alle Inversionen wirken als Sperrschicht für den vertikalen Austausch, da die oben liegende wärmere und trockene Luft leichter ist als die in der Schicht darunter lagernde. Diese Situation, die jegliche vertikale Durchmischung verhindert, nennt man auch stabile Schichtung der Atmosphäre. Am Wolkenbild sind Inversionen zu erkennen an Wolken- oder Dunstschichten, deren Aufwärtsentwicklung durch die stabile Schicht verhindert wird und die sich an der Untergrenze der Inversion ausbreiten.

Die labile Schichtung der Atmosphäre ist eng mit dem herrschenden Temperaturgradienten verbunden. Entspricht die Abnahme der Temperatur in der Atmosphäre dem trockenadiabatischen Gradienten, so hat ein aufsteigendes Luftpaket immer die gleiche Temperatur wie seine Umgebung; es ist ständig im Gleichgewicht. Diese Schichtung ist indifferent, also weder stabil noch labil. Eine Aufheizung der bodennahen Luft durch kräftige Sonneneinstrahlung bewirkt hier eine lokale Erwärmung; der Temperaturgradient wird größer als der trockenadiabatische. Steigt nun ein Luftpaket auf, so wird es immer wärmer und damit leichter sein als die umgebende Luft, sein Aufsteigen wird noch schneller werden, man spricht von labil geschichteter Luft. Beim Erreichen der Sättigung entstehen Wolken, in denen das Aufsteigen weiter beschleunigt wird, da mit der frei werdenden Kondensationswärme die Temperatur in der Wolkenluft noch langsamer abnimmt als außerhalb und die feuchte Luft stets wärmer bleibt als die umgebende. Gestoppt wird die Aufwärtsbewegung erst durch eine Absinkinversion in der Höhe, falls überhaupt eine solche vorhanden ist. Ist keine vorhanden, dann steigen die Quellwolken ungehindert auf

Links: In der Bodeninversion mit kalter Luft bleiben die Emissionen wegen der stabilen Schichtung gefanen, sichtbar als Dunst; darüber ist es wärmer und trockener bei sehr guter Fernsicht.

Rechts: An der Untergrenze der Absinkinversion in rund 200 m üNN dehnt sich die Wolkenobergrenze mit ebener Oberfläche aus, in der Inversion liegt noch eine Dunstschicht mit gleichfalls horizontaler Schichtung; darüber ist es wärmer und trockener bei sehr guter Fernsicht.

bis zur immer vorhandenen Tropopause und bilden Schauer oder Gewitter. Diese vertikalen Bewegungen, die die Wärme vom Boden in die Atmosphäre transportieren, nennt man Konvektion.

Der Luftdruck und seine Veränderungen

Der Luftdruck ist eine der wichtigsten Größen im Wetterablauf. Als Maßeinheit gilt international das hPa (Hektopascal), das die früher übliche Größe mb (Millibar) ersetzt. Zahlenmäßig sind beide Größen identisch. Der Druck ist eine auf die Fläche wirkende Kraft, der Luftdruck gibt damit das Gewicht der über dem Messpunkt lastenden Luftsäule mit einem Querschnitt von 1 cm² an. Der mittlere Luftdruck auf Meereshöhe beträgt rund 1013 hPa; mit zunehmender Höhe wird die aufliegende Luftsäule kleiner und die Auflast geringer und damit der Luftdruck niedriger. Diese Abnahme mit der Höhe verläuft logarithmisch nach der Abbildung unten rechts.
Für diese Abnahme gibt es eine einfache Näherungsregel: Der Druck reduziert sich bei einer Höhenzunahme von 5,5 km jeweils um die Hälfte.
Der Luftdruck an einem bestimmten Punkt unterliegt immer Änderungen; gleich bleibender Druck über längere Zeit ist selten. Für das Entstehen von kleinräumigen Druckdifferenzen kommen viele Ursachen in Frage:

- es gibt Druckabfall, wenn eine Luftmasse angehoben wird;
- es gibt Druckanstieg, wenn eine Luftmasse absinkt;
- warme oder kalte Luftmassen üben unterschiedlichen Druck aus, da kalte Luft schwerer ist als warme (thermische Druckänderung);
- beim Überströmen eines Gebirges staut sich die Luft im Luv, der Druck steigt, im Lee des Hindernisses fällt er dagegen;
- die Bildung von Temperaturunterschieden und regionalen Windsystemen an Schönwettertagen hat nicht zu vernachlässigende Änderungen des Luftdruckes im Tagesgang zur Folge (siehe Seite 44).

Neben diesen lokalen und regionalen Änderungen haben im großräumigen Wetterablauf die Bildung und Verlagerung der Tiefdruck-

Links: Die Sperrschicht Tropopause verhindert das weitere Aufsteigen der Wolkenluft im Gewitter; deshalb breitet sich die Wolke horizontal aus und bildet den charakteristischen Amboss.

Rechts: Abdruck des Luftdrucks mit der Höhe

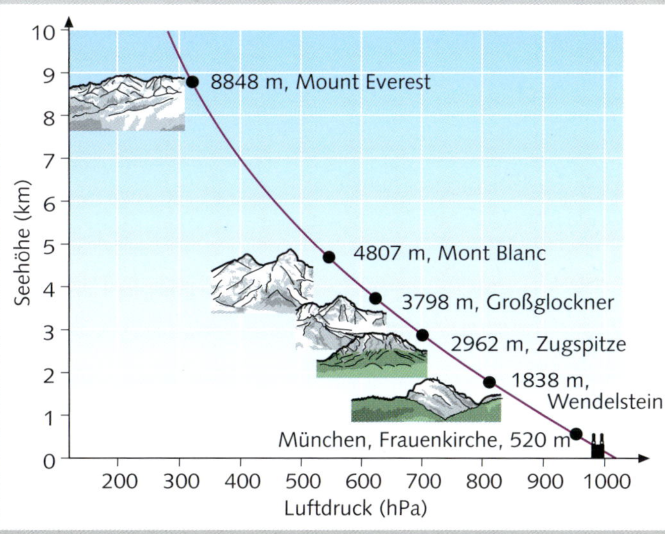

und Hochdruckgebiete den entscheidenden Einfluss auf das Verhalten des Luftdrucks. Druckänderungen bei einem stationären Hoch zeigen dann an, ob es sich noch verstärkt oder bereits im Abbau begriffen ist.
Besonders auffällig sind die Druckänderungen beim Herannahen eines Tiefs mit den Temperaturänderungen im Bereich der Warm- und Kaltfront; je mehr auf der Vorderseite die kalte durch wärmere Luft ersetzt wird, umso stärker fällt der Druck. Auf der Tiefrückseite wird mit der Kaltfront die warme Luft, diesmal sehr schnell, wieder durch kalte ersetzt, der Druck steigt entsprechend rasch an. Für die Wettervorhersage sind deshalb die Änderungen des Luftdrucks sehr wichtig, mehr als die absolute Größe selbst. Bei allen Stationsbeobachtungen ist deshalb die Angabe der Luftdrucktendenz – meist die Änderung innerhalb der vergangenen 3 Stunden – obligatorisch.

Höhenmesser

Der häufig von Bergsteigern mitgeführte Höhenmesser ist eigentlich ein Druckmessgerät, mit dem entsprechend den physikalischen Gesetzen die Höhe bestimmt wird. Dabei werden die Werte der sogenannten Standard-Atmosphäre eingesetzt, die am Boden vom mittleren Druck von 1 013 hPa und einer Temperatur von 15 °C ausgeht sowie dem mittleren Temperaturgradienten von 0,65 K/100 m. In den meisten Fällen liegt der Messung (wie beim Barometer zu Hause) eine luftleere Metalldose zugrunde, deren Hülle sich mit den Schwankungen des Luftdruckes in der Atmosphäre ändert und deren Deformation an einen Zeiger bzw. ein Display übertragen wird. Neben dem Druck am Standort des Bergsteigers selbst lässt sich auch der auf Meereshöhe umgerechnete Luftdruck ablesen; dies ist insofern wichtig, da auf allen Wetterkarten nur diese Größe eingetragen ist. Da diese Umrechung von der Temperatur der Atmosphäre abhängig ist, können sich mit zunehmender Höhe Fehler von mehr als 1 hPa ergeben. Die mittlere Genauigkeit insgesamt wird von der Qualität des Gerätes bestimmt und sollte nicht mehr als 10 m betragen, was einem Fehler von rund 1 hPa entspricht. Hier nochmals der Hinweis, dass für das Wettergeschehen mehr als der Absolutwert die Veränderungen von Tag zu Tag maßgeblich sind.

Die Kurve zeigt den maximal möglichen Gehalt an Wasserdampf bei der jeweiligen Temperatur.

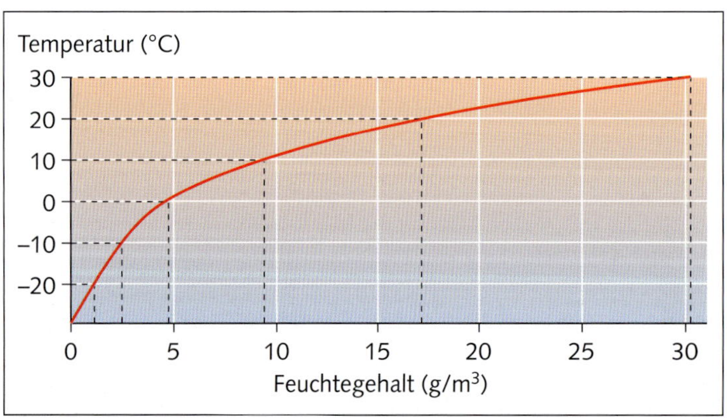

Feuchte, Wolken und Niederschlag

Feuchte

Für die Bestimmung der Feuchte gibt es verschiedene Größen. Die einfachste ist die absolute Feuchte, die das Gewicht in Gramm (g) des in einem Kubikmeter (m^3) feuchter Luft enthaltenen Wasserdampfes angibt. Die Luft kann nur eine bestimmte, von der Temperatur abhängige Wasserdampfmenge enthalten. Ist die maximal mögliche Menge in der Luft vorhanden, spricht man von Sättigung. Warme Luft kann viel Wasserdampf aufnehmen, kalte nur wenig. Den Zusammenhang zwischen der Temperatur und der maximal möglichen Menge an Wasserdampf, also der Sättigung, zeigt die unten stehende Abbildung.
Beispiel: Bei einer Temperatur von 20 °C können höchstens 17,3 g Wasserdampf pro m^3 Luft enthalten sein, bei 0 °C nur mehr 4,8 g. Ebenso abhängig von der Temperatur ist der Dampfdruck, also der Druckanteil, den der Wasserdampf in der Atmosphäre ausmacht.

Gleichermaßen hat der Dampfdruck einen Maximalwert bei jeder herrschenden Temperatur, das ist der Sättigungsdampfdruck. Aus dem Verhältnis des aktuell in der Luft herrschenden Dampfdruckes zu dem bei der vorgegebenen Temperatur maximal möglichen lässt sich die Relative Feuchte bestimmen, die allgemein gebräuchliche Maßzahl für die Angabe des Feuchtegehaltes der Luft. Entlang der Kurve in der Abbildung auf Seite 14 herrscht durchgehend eine Relative Feuchte von 100 %, da sie jeweils die maximale absolute Feuchte zu jedem Wert der Temperatur angibt. Diese Temperatur ist bei Sättigung gleichzeitig der Taupunkt. Mit abnehmender Relativer Feuchte weicht der Taupunkt immer weiter von der Temperatur ab. Die relative Feuchte kann auch in großen Höhen noch 100 % betragen, wenn innerhalb einer Wolke die Sättigung erreicht ist, obwohl die absolute Feuchte bei der dort herrschenden niedrigen Temperatur sehr klein ist; bei – 20 °C beispielsweise enthält eine Wolke maximal 1,1 g Wasserdampf pro Kubikmeter. Aus diesem Grund ist der größte Anteil der Feuchte in den unteren 3 bis 4 km der Atmosphäre gesammelt.

Wolkenstockwerke, Wolkenarten

Bei genügend großer Abkühlung bis hin zum Taupunkt eines bestimmten Luftpaketes kommt es zur Wasserdampfsättigung; es entstehen durch Kondensation an den in der Atmosphäre überall vorhandenen Aerosolen (siehe Abschnitt rechte Spalte) sichtbare Wassertröpfchen, also eine Wolke. Das Abkühlen der Luft zunächst beim trockenadiabatischen, dann beim feuchtadiabatischen Aufsteigen kann durch verschiedene Prozesse in Gang kommen:

- Der häufigste ist die allgemeine Hebung der Luft im Bereich eines Tiefdruckgebietes (siehe Seite 44/45) und vor allem an dessen Fronten; die warme Luft weicht aufgrund ihrer geringeren Dichte gegenüber der kalten Luft immer in die Höhe aus.
- Aber auch an Hindernissen, wie sie die Alpen darstellen, steigt die Luft beim Überströmen auf und kühlt sich ab.
- Die bei schönem Wetter oft auftretenden Hang- und Gipfelwolken entstehen ebenfalls durch Hebung, verursacht durch an sonnenbeschienenen Hängen erzeugte aufsteigende Warmluft. Diese Hebung, auch als Thermik bezeichnet, ist kleinräumig und wechselt rasch ihre Stärke.
- Das Entstehen von Quellwolken kennzeichnet über größeren Flächen aufsteigende Warmluft bei allgemein labiler Schichtung der Atmosphäre.

Die Höhe, in der durch Abkühlung die Sättigung ereicht wird und die Bildung sichtbarer Wolken einsetzt, nennt man das Kondensationsniveau.
Bei einer weitgehend einheitlichen Luftmasse wird das Kondensationsniveau durch die in gleicher Höhe liegende Untergrenze aller Wolken deutlich sichtbar. Eine weitere Voraussetzung für das Entstehen von Wassertröpfchen ist das Vorhandensein von Aerosolen. Dies sind kleine Staubteilchen oder sonstige Partikel, die aus aufgewirbeltem Staub bestehen, von Vulkaneruptionen stammen oder aus Meersalz bestehen konnen, das durch Stürme über den Meeren in die Atmosphäre gelangt. Der Mensch trägt zur Menge der Aerosole oft erheblich bei, besonders durch den Verkehr in der Luft und am Boden und durch den Haus-

Bei einer einheitlichen Luftmasse liegt das Kondensationsniveau der Cumulus-Wolken überall auf gleicher Höhe.

brand. In der Atmosphäre sind damit immer genügend Aerosole vorhanden. Ihre Anzahl beträgt selbst in reiner Luft rund 1 000 in jedem Kubikzentimeter! In Großstädten kann der Wert auf 100 000 steigen.

Bei einer Temperatur unter dem Gefrierpunkt sind anders strukturierte Kerne nötig, um als Ansatzpunkt für die Eiskristallbildung zu dienen. Sie sind in wesentlich niedrigerer Zahl vorhanden als die Kondensationskerne; die Bildung von Eisteilchen erfolgt meistens erst bei einer Temperatur unter –10 °C. Bei noch tieferen Temperaturen sind in mittleren und größeren Höhen Mischwolken die Regel; sie bestehen aus unterkühlten Wassertröpfchen und Eiskristallen. Reine Eiswolken entstehen bei einer Temperatur unter –35 °C; wegen des geringen Wasserdampfgehaltes ist die Zahl der Eiskristalle deutlich geringer als die Tröpfchen in einer Wasser- oder Mischwolke.

Die vielen unterschiedlichen Formen der Wolken, ihre horizontale und vertikale Ausdehnung hängen vom Zustand der Atmosphäre ab, vor allem von den Vertikalbewegungen und der Verteilung der Feuchte.

Es gibt als erste Unterscheidung drei Wolkenstockwerke:

- Tiefe Wolken: Wasserwolken in einem Höhenbereich vom Boden bis etwa 2 km darüber.
- Mittelhohe Wolken: Mischwolken aus Eiskristallen und unterkühlten Wassertröpfchen in einer Höhe von 2 bis etwa 7 km über dem Boden.
- Hohe Wolken: reine Eiswolken, von der Temperatur abhängig, oberhalb von etwa 6 km über dem Boden, bei extremer Kaltluft auch ab 5 km Höhe bis rund 13 km in mittleren Breiten.
- Wolken mit großer vertikaler Erstreckung: Sie reichen vom unteren Stockwerk bis hinauf zur Tropopause.

Danach teilt man die Wolken anhand ihres Aussehens und auch ihrer Entstehung in zwei Wolkenarten:

- Schichtwolke: Sie entsteht bei stabiler Schichtung der Atmosphäre durch sehr langsame Hebung und breitet sich überwiegend horizontal aus.
- Haufenwolke: Sie entsteht bei labiler Schichtung der Atmosphäre und breitet sich bei raschem Aufsteigen überwiegend vertikal aus (Konvektion).

Die Klassifikation der Wolken basiert auf zehn Hauptwolkentypen, auch Wolkengattungen genannt; zur genaueren Kennzeichnung können die Gattungen nach ihrer äußeren Form, ihrer Mächtigkeit und ihren speziellen Eigenschaften weiter unterteilt werden. Im Allgemeinen genügt die Kenntnis der zehn

Wolken und Wolkenstockwerke mit ihrer durchschnittlichen Höhe

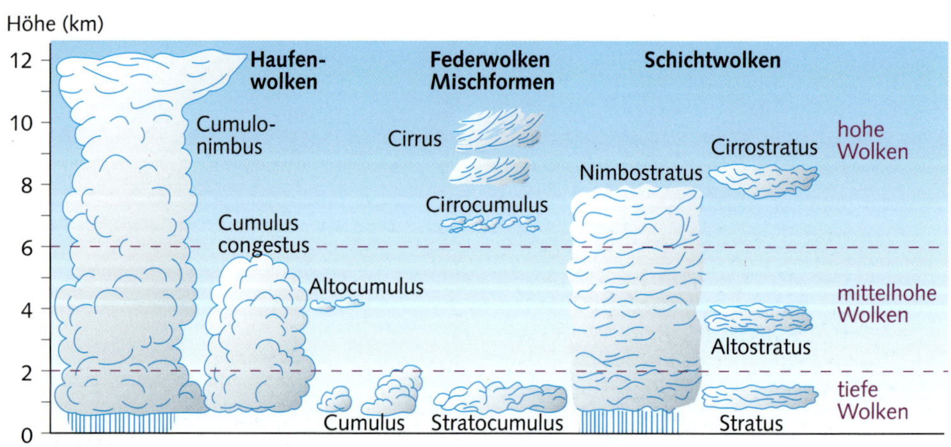

Gattungen, deren Namen aus verschiedenen Kombinationen der folgenden Begriffe bestehen und die international verwendet werden:

- Schicht = Stratus
- Faser = Cirrus
- Regen = Nimbus
- Haufen = Cumulus
- Hoch = Altus

Eine Schichtwolke wird deshalb auch als stratiform, eine Haufenwolke als cumuliform bezeichnet. Auf Grundlage dieser Klassifikationsmerkmale werden die wichtigsten Gattungen folgendermaßen beschrieben (mit ihrer üblichen Abkürzung und den deutschen Bezeichnungen:

- Hohe Wolken (Eiswolken, faseriges Aussehen)
  1. Cirrus (Ci): Federwolke
  2. Cirrocumulus (Cc): hohe Schäfchenwolke
  3. Cirrostratus (Cs): mehr oder weniger dichte Schleierwolke, häufig sehr ausgedehnt
- Mittelhohe Wolken
  4. Altocumulus (Ac): mittelhohe Schäfchenwolke
  5. Altostratus (As): mittelhohe Schichtwolke
- Tiefe Wolken
  6. Stratocumulus (Sc): Anordnung schichtförmiger, flacher Haufenwolken
  7. Stratus (St): gleichförmige Schichtwolke (»Hochnebel«)
- Tiefes bis mittelhohes Wolkenstockwerk
  8. Cumulus (Cu): Haufenwolke, Quellwolke unterschiedlicher Höhe
- Tiefes bis oberes Wolkenstockwerk
  9. Nimbostratus (Ns): Regenschichtwolke
  10. Cumulonimbus (Cb): Gewitterwolke, meist mit »Amboss«

Oben links: Die wörtliche Übersetzung des Cirrus als Faser oder Federbüschel ist bei dieser Wolkenformation gerechtfertigt.

Oben rechts: Die Kombination der beiden Wolkenarten: Flache Haufenwolken bilden eine schichtförmige Wolkendecke, den Stratocumulus

Unten links: Cirrus, »verweht« in einer kräftigen Höhenströmung; dazu mehrere Kondensstreifen über einer Stratocumulus-Schicht

Unten rechts: Cirrocumulus

Links: Cirrocumulus zusammen mit Cirrostratus in mehrfach wellenförmiger Ausprägung; Vorboten einer aufziehenden Warmfront bei hoher Windgeschwindigkeit in der Höhe

Rechts: Aufziehender Cirrostratus mit Nebensonne

Links: Felder von Cirrus und Cirrostratus bei herbstlicher Hochdruckwetterlage

Rechts: Altocumulus in verschiedener Ausprägung, im Hintergrund ein Cumulonimbus jenseits des Alpenhauptkammes

Links: Altocumulus, teilweise mit Altostratus; darunter einzelne Cumuli

Rechts: Kompaktes Altostratus-Feld, darüber einzelne Cirren

Links: Altostratus Feld unterschiedlicher Dichte, darunter einzelne Cumulus-Wolken bis in das Gipfelniveau

Rechts: Stratocumulus in relativ großer Höhe, aber noch im unteren Wolkenstockwerk

Links: Stratocumulus in niedriger Höhe

Rechts: Nahezu einförmige Stratusdecke nur wenig oberhalb des Gipfelniveaus

Links: Stratus an der Obergrenze der Kaltluft im Tal, darüber bereits beginnende flache Quellungen infolge der Sonneneinstrahlung

Rechts: Flache Cumulus ohne wesentliche Höhenentwicklung, charakteristisch für Hochdrucklagen mit kräftigem Absinken in der Atmosphäre

Links: Cumulus-Wolken mit größerer vertikaler Ausdehnung, in dieser Höhenlage noch keine Absinkinversion erkennbar; bei diesem Aussehen sind bereits Schauer möglich.

Rechts: Heranziehender Regen aus dem Nimbostratus, die Konturen verschwinden beim Niederschlag und bei niedriger Wolkenuntergrenze.

Links: Einzelner, großflächiger Cumulonimbus, im Randbereich Quellungen unterschiedlicher Höhe

Rechts: Kette mehrerer Cumulonimbus-Wolken an einer Kaltfront

Einzelne etwas höher reichende Quellungen, immer noch Absinken und stabile Schichtung überwiegend

Besondere Wolkenformen

Föhnwolken

Sie treten hauptsächlich im mittelhohen Niveau auf als Ac-Wolken mit der Artbezeichnung »lenticularis« = linsenförmige Wolke. Ihre übliche Bezeichnung als Föhnwolken beschreibt die Wetterlage, bei der diese Wolkenform am häufigsten zu sehen ist. Im Lee der Gebirge bleibt sie stationär am Himmel stehen, wird also auch bei sehr hoher Windgeschwindigkeit durchströmt: Sie kennzeichnet den Teil einer Leewelle mit aufsteigender Luft und dabei kondensierender Feuchte. Die Wolke löst sich dann beim Absteigen in das nächste Wellental wieder auf. Der Ac-lenticularis bildet sich aber auch bei Wetterlagen mit starker Höhenströmung und Wellenbildung in der freien Atmosphäre.

Sogwolken

Beim Überströmen eines Grates oder Kammes wird die Luft im Lee angesaugt; sie steigt dort langsam auf, bis sie vom über den Kamm streichenden Wind erfasst wird. Ist die Luft nahezu gesättigt, kann der Wasserdampf beim Aufsteigen kondensieren und so auf der windabgewandten Seite eine Wolke bilden. Dieser

Links: Typische Lenticularis-Formen in unterschiedlicher Höhe, hauptsächlich im mittelhohen Bereich

Rechts: Verschieden ausgeprägte Föhnwolken im mittleren und teilweise unteren Bereich, daneben auch Cumulus-Wolken

Bei dieser Sogwolke weht der Wind von rechts nach links über den Kamm hinweg; im Hintergrund rechts ist ein Schauer zu sehen, kleinere Cumulus-Wolken sind in mehreren Höhen vorhanden; charakteristisches Wolkenbild für unbeständiges Wetter mit hoher Feuchte und einzelnen Schauern, nur wenig Sonne

Links: Das Über- und Umströmen des Gipfels ist an den beim Aufsteigen kondensierenden Wolken zu sehen.

Rechts: Beim Überströmen von Bergen oder Kämmen bilden sich in den Wellenbergen den lenticularis-Formen ähnliche Wolken.

Links: Castellanus-Form im mittelhohen Bereich aus einem Altocumulus

Rechts: Castellanus-Form im unteren Wolkenstockwerk aus einem Stratocumulus

Links: Ausgedehnter Kondensstreifen zwischen Cirrus und Cirrostratus

Rechts: Mehrere unterschiedlich ausgebreitete Kondensstreifen, einzelne Cumuli im Hangaufwind, in den Tälern Reste einer Hochnebeldecke

Effekt ist meistens nur kleinräumig an einzelnen Graten oder Kämmen sichtbar.

Orographische Wolken
Beim Anströmen von Gebirgen beispielsweise gibt es aus jeder Richtung orographische Wolken. Beim erzwungenen Aufsteigen im Luv der Berge und bei genügend großer Feuchte entstehen dort bei der Abkühlung Wolken. Bei labiler Schichtung entwickeln sich Quellwolken bis hin zum Cumulonimbus mit kräftigem Niederschlag. Stabile Schichtung der Atmosphäre führt häufig zu einzelnen Wolken oder Wolkenbändern über dem Gipfelniveau. Die Wolken entstehen auch an kleineren Hindernissen, einzelnen Bergketten oder auch an einzelnen Gipfeln.

Castellanuswolken
Die im Namen steckende Bezeichnung »türmchen- oder zinnenförmig« meint die Quellungen aus einer sonst schichtförmigen Wolke mit entsprechenden Formen. Sie treten am häufigsten auf im mittelhohen Stockwerk bei Altocumulus wolken, selten bei Stratocumulus- und sonst harmlosen flachen Quellwolken. Alle gemeinsam zeigen eine instabile Schichtung in der Atmosphäre an, sind in der Regel am Vormittag am Himmel zu sehen und deuten auf die Entwicklung höher reichender Quellungen am Nachmittag bis hin zu Schauern oder Gewittern.

Kondensstreifen
Die Abgase von Flugzeugen haben einen relativ hohen Gehalt an Wasserdampf, der sich bei den niedrigen Temperaturen in Flughöhen nahe der Tropopause rasch zu den sichtbaren Kondensstreifen hinter dem Flugzeug entwickelt. Je nach vorhandener natürlicher Feuchte der Umgebung können Kondensstreifen auch lange erhalten bleiben; aus den zuerst schmalen Wolkenstreifen werden sich verbreiternde, faserig oder flockig aussehende Wolkenfelder, die sich nach einiger Zeit kaum mehr von den natürlichen Cirruswolken unterscheiden lassen. Inzwischen stellen die durch den Flugverkehr erzeugten Cirruswolken an sonst wolkenfreien Tagen häufig den Hauptanteil der am Himmel sichtbaren hohen Bewölkung.

Nebel
In der Meteorologie wird von Nebel gesprochen, wenn die Sichtweite unter 1 km zurückgeht. Grundsätzlich ist Nebel nichts anderes als eine Wolke am Boden; im Gebirge ist die Bezeichnung nur eine Frage des Standortes: Von unten sieht man noch eine Gipfelwolke, oben steckt man dann im Nebel. Diese deshalb nicht ganz richtig als Bergnebel bezeichnete Erscheinung, die Berghänge oder Gipfel einhüllt, gehört eindeutig zu den Wolken. Die Entstehung des Nebels unterscheidet sich von der Wolkenbildung; zu unterscheiden sind im wesentlichen drei Nebeltypen.

- Abkühlungsnebel: Zu diesem Nebeltyp zählen der Strahlungsnebel und der Advektionsnebel. Der vor allem im Herbst und Winter bei Schönwetterlagen häufige Bodennebel in Tälern und Senken entsteht durch Abkühlung der Luft bis zum Taupunkt infolge der nächtlichen Ausstrahlung, deshalb auch als Strahlungsnebel bezeichnet. Diese Nebelschicht charakterisiert die bodennahe sehr kalte Luft. Sie wächst häufig mit dem an der Untergrenze der Inversion entstandenen Hochnebel (auch dies ist eine Wolke, der Stratus) zusammen. Der Advektionsnebel entsteht beim Strömen einer wärmeren, feuchten Luft über eine kalte Unterlage – Gletscherflächen, auch größere Schneefelder –, wenn der Wind schwach ist und die Luft Zeit hat, über dem Schnee abzukühlen.
- Verdunstungsnebel: Er entsteht über relativ warmen Wasserflächen, wenn kalte Luft darüber weht und die durch die Verdunstung mit Feuchte angereicherte Luft dadurch bis zum Taupunkt abkühlt. Für die Bergregionen der Alpen ist seine Bedeutung gering, nur in Tälern mit größeren Seen wirkt er sich stärker aus.
- Mischungsnebel: Dieser Typ entsteht bei der Durchmischung einer feuchtwarmen Luftmasse mit kalter Luft und damit auch an allen Fronten.

Niederschlag

Steigt Wolkenluft bei labil geschichteter Luft oder allgemeiner Hebung weiter auf, setzt sich die Kondensation bei weiterer Abkühlung fort. Bei tiefen Temperaturen unter –10 °C bilden sich an überall vorhandenen Gefrierkernen auch kleine Eiskristalle; es schweben aber auch viele unterkühlte Wassertröpfchen in der Wolke (Mischwolke). Da der Sättigungsdampfdruck über Eis geringer ist als über Wasser, strömt der Wasserdampf von den Tröpfchen weg und kondensiert bevorzugt an den Eiskristallen. Damit werden die Wassertröpfchen immer weniger und kleiner, die Eiskristalle wachsen dafür an und werden bei langsamer Hebung zu schönen sechseckigen Schneeflocken. Bei raschem, turbulentem Aufsteigen der Luft wie in Schauern und Gewittern lagern sich zusätzlich auch die unterkühlten Tröpfchen an den Eiskristallen an; diese wachsen deshalb schnell und

Oben links: Haareis, das nur auf Buchenholz entsteht

Oben rechts: Fallstreifen aus Cirrus: Die Hakenform entsteht durch große Unterschiede der Windgeschwindigkeit in der Höhe.

Mitte links: Tröpfchen, aus dem Nebel abgeschieden

Unten links: Raueisansatz mit Cirrus in vielen Formen

Unten rechts: Fallstreifen in verschiedenen Höhenlagen

ungeordnet zu Graupel oder Hagel. In unseren mittleren Breiten ist diese Niederschlagsbildung über die Eisphase die Regel, in den Tropen wachsen die Wassertröpfchen auch direkt zu größeren Regentropfen zusammen. Eine Ausnahme von dieser Regel ist der Nieselregen, der aus oft mächtiger Stratusbewölkung (Hochnebel) fällt. Er entsteht auch bei positiver Temperatur durch weitere Kondensation an kleinen Tröpfchen und deren Zusammenlagerung; sie sind aber sehr klein und bleiben deshalb oft lange in der Luft schweben. Sie werden oft auch nur als »Nebelnässen« empfunden. Werden die Eiskristalle bei wachsender Größe nicht mehr vom Aufwind getragen, beginnen sie zu fallen. Ob der Niederschlag den Boden in fester Form oder geschmolzen erreicht, hängt zum einen von der Temperaturschichtung unterhalb der Wolken ab und von der Größe der in der Wolke entstandenen Hagelkörner. Jeder Regen ist zuerst als Schnee oder Hagel in großen Höhen entstanden und schmilzt dann in den wärmeren Luftschichten auf dem Weg zum Boden. Im Winter kann die Luft bis zum Boden so kalt sein, dass die Schneeflocke nicht oder zumindest nicht ganz abschmilzt. Da eine Schneeflocke einige Zeit braucht, um bei einer Temperatur über 0 °C zu schmelzen, liegt die Schneefallgrenze mindestens 200 bis 300 m unter der Nullgradgrenze (Frostgrenze). Graupel, der aufgrund seiner Struktur schneller zu Boden fällt als Schneeflocken, kann auch bei deutlich positiver Temperatur noch am Boden auftreffen. Hagel kommt dann am Boden an, wenn die Körner bei sehr starken Aufwinden in einer Gewitterwolke zu groß geworden sind, um auf dem Weg zum Boden ganz abschmelzen zu können.

Größe des Niederschlags

Bei Nieselregen haben die Tröpfchen einen Durchmesser von weniger als 0,5 mm, Regentropfen zwischen 0,5 und 5 mm. Schneeflocken sind bei niedriger Temperatur nur wenige Millimeter klein, bei leicht positiven Werten können sie aneinander haften und bis zu Größen von 20 mm anwachsen. Graupel ist meist kleiner als 10 mm, während Hagelkörner bei mehrmaligem Auf und Ab in verschieden temperierten Wolkenschichten und starken Aufwindfeldern auch im Alpenraum 5 cm groß werden können, in Extremfällen bis zu 10 cm.

Abgesetzter Niederschlag

Niederschlag kann auch durch direkte Kondensation auf kalten Oberflächen entstehen. Dies ist zum einen der Tau, wenn der Boden wärmer als 0 °C ist, zum anderen der Reif, wenn die Oberflächentemperatur unter dem Gefrierpunkt liegt (hier spricht man von Sublimation). Auf den Bergen gibt es eine weitere Form des Niederschlags, das Raueis. Es tritt bei stärkerem Wind und gleichzeitigem Nebel auf; dabei setzt sich nicht nur der Wasserdampf aus der Luft an herausragenden Gegenständen ab, sondern auch die unterkühlten Tröpfchen aus Wolken, die den Berg einhüllen.
Eine seltene Form von Eisbildung ist das Haareis, das nur an Buchenholz entsteht. Das gefrierende Wasser im Holz dehnt sich aus und wird als Eis durch die Poren des Holzes nach außen gepresst.

Nebelniederschlag

Die Vegetation in den Bergen, am meisten die Bäume, profitieren davon, dass sie bei aufliegenden Wolken und gleichzeitigem Wind die Wassertröpfchen »herauskämmen« können. Der dadurch gewonnene zusätzliche Niederschlag kann in bevorzugten Staulagen erhebliche Mengen erreichen; in den Passatzonen der Erde gibt es an den luvseitigen Hängen vieler Inseln auch Nebelwälder, die hauptsächlich vom Nebelniederschlag bewässert werden.

Fallstreifen

Gelegentlich sieht man bei Wolken dünne Streifen an der Unterseite herabhängen, die aus der Wolke herausfallenden Niederschlag sichtbar machen. Sie erreichen den Boden nur selten, der Niederschlag verdunstet in trockeneren Luftschichten unterhalb der Wolke.

Strahlung, Temperatur, Luftmassen

Strahlung

Für alle Vorgänge in der Atmosphäre, für den Ablauf des Wetters ist die Sonne die alleinige Energiequelle. Die Übertragung der Energie erfolgt durch die Strahlung, die sich über einen großen Bereich von Wellenlängen erstreckt. Von der an der Außengrenze der Atmosphäre ankommenden kurzwelligen Sonnenstrahlung (im Vergleich zu allen folgenden Zahlen als 100 % gesetzt) erreicht nur etwa die Hälfte auch die Erdoberfläche (51 %). Der übrige Teil wird in der Atmosphäre gestreut und reflektiert (26 %), 19 % werden in der Atmosphäre absorbiert (Ozonschicht!), und 4 % werden vom Boden direkt abgestrahlt. Wie jeder andere Körper auch, strahlt die Erdoberfläche selbst Energie ab in Form einer langwelligen Infrarotstrahlung, und zwar 98 % der einfallenden Strahlung! Diesen stark abkühlenden Effekt verhindert die atmosphärische Gegenstrahlung, da vor allem Wasserdampf und CO_2 sowie andere Spurengase 77 % der von der Erde ausgehenden Strahlung wieder zurücksenden. Nur 6 % der Ausstrahlung der Erde gelangt auf direktem Weg in den Weltraum. Der Erdoberfläche verbleibt damit eine negative Strahlungsbilanz von – 21 %, dazu kommen – 23 % Abgabe durch die Verdunstung, die aber der Atmosphäre durch Kondensation wieder zugute kommen, und – 7 % durch die Konvektion. Diese Summe von – 51 % entspricht dem Gewinn aus der Einstrahlung. Die Atmosphäre selbst strahlt viel Energie in den Weltraum ab und verliert dadurch – 64 % sowie die oben genannten 77 %, gewinnt aber durch die langwellige Strahlung vom Boden 92 % sowie 30 % durch Kondensation des Wasserdampfes und Konvektion. In der Summe verliert sie 19 %, entsprechend dem Gewinn durch die Einstrahlung. Die nicht ausgeglichene Strahlungsbilanz wird somit durch die Energieübertragung vom Boden durch Verdunstung/Kondensation und Konvektion gewährleistet.
Die Ausstrahlung der Erde bewirkt die Bildung von Kaltluft in der bodennahen Atmosphäre und damit von Inversionen. Vermindert wird die Ausstrahlung bereits, wenn viel Wasserdampf in der Luft vorhanden ist, vor allem aber bei Bewölkung; deshalb bilden sich in klaren Nächten besonders bei trockener Luft kräftige Inversionen aus. Vor allem niedrige Wolken verstärken die Gegenstrahlung, es entweicht kaum mehr Energie in den Weltraum, die Luft am Boden kühlt sich somit in einer bewölkten Nacht verhältnismäßig wenig ab.

Temperatur

Die Temperatur ist ein Maß für den Wärmezustand eines Gases oder eines festen Körpers. Sie wird grundsätzlich in °C angegeben, in der Physik und bei Temperaturdifferenzen auch in K (Grad Kelvin) bei gleichen Werten einer Differenz. Unterschieden wird zwischen der Lufttemperatur, die in 2 m über dem Boden gemessen wird, und der Temperatur am Erdboden in einer Höhe von 5 cm. Diese Unterscheidung ist in vielen Fällen wichtig, da die Differenz der beiden Werte bei kräftiger Ausstrahlung 5 K und mehr betragen kann, bei positiver Temperatur in 2 m Höhe also am Boden noch Frost herrschen kann.
Bei windigem Wetter ändert sich die Lufttemperatur hauptsächlich mit der jeweiligen Temperatur der ankommenden Luftmassen, dadurch wird der durch den Sonnenschein bedingte Tagesgang überlagert. An einem gegebenen Ort ändert sich die Temperatur bei ruhender Luft in Abhängigkeit vom Temperaturverlauf der Erdoberfläche; deren Temperatur wiederum hängt weitgehend von der Sonnenstrahlung ab. Dieser Zusammenhang lässt bei Schönwetter zum einen den mehr oder weniger großen Tagesgang der Temperatur entstehen, andererseits aber gleichzeitige und

nebeneinander existierende Temperaturdifferenzen vor allem im Gebirge. Abhängig von der Höhenlage, der Exposition (Hangrichtung und damit Sonnen- oder Schattenlage, Gipfel, Tal), dem Bewuchs und in geringerem Umfang von der Bodenbeschaffenheit, treten oft spürbare Unterschiede der Lufttemperatur auf. Sichtbar werden sie durch die Vegetation, die sich an Nordhängen anders zusammensetzt als in den viel wärmeren Südhanglagen.

Gefühlte Temperatur

Auch der Mensch spürt oft diese Unterschiede, allerdings nicht allein über die Temperatur, sondern zunächst in Abhängigkeit von der Sonnenstrahlung. Bei bedecktem Himmel und bei niedriger Lufttemperatur hängt das Wärmeempfinden maßgeblich von der herrschenden Windgeschwindigkeit ab. Schon bei schwacher Luftbewegung glaubt man oft der Thermometeranzeige nicht mehr. Wie weit diese »gefühlte Temperatur« von der tatsächlichen Lufttemperatur abweichen kann, zeigt die Tabelle auf Seite 28.
Die gefühlte Temperatur ist in hohem Maße von der eigenen körperlichen Verfassung und Anstrengung bestimmt. Wird bei einem schnellen Aufstieg kühlender Wind als angenehm empfunden, werden die gleichen Bedingungen bei einer Rast schnell als unangenehm und kalt gefühlt.

Windrichtung und -geschwindigkeit

Grundsätzlich entsteht der Wind in Folge des Ausgleichs von Luftdruckunterschieden in der Atmosphäre. Die Luft strömt jedoch nicht direkt zum tieferen Druck, sondern wird, bedingt durch die Erdrotation und die dadurch entstehenden Kräfte, nach rechts abgelenkt und weht in der freien Atmosphäre parallel zu den Isobaren, den Linien gleichen Luftdruckes. In Bodennähe bewirkt jedoch die Reibung, dass der Wind in das Tief hinein und aus dem Hochdruckgebiet heraus weht.

In einem Gebirge herrscht nur auf den höheren und freien Gipfeln annähernd die Windrichtung der freien Atmosphäre, darunter wird die Windrichtung wesentlich vom Verlauf der Bergkämme und der Täler beeinflusst. Besonders die breiteren Täler und ausgeprägte Pässe sind bevorzugte Strömungsbahnen der Luftmassen. Dazu entwickeln sich in den Gebirgen und ihrem Umfeld lokale und regionale Windsysteme, die vor allem im Innern der Gebirge zumindest in Tallagen zu den dominierenden Luftbewegungen gehören (siehe Seite 42).
An Bäumen und Sträuchern kann man diese vorherrschenden Winde oft gut erkennen.
In der Meteorologie gibt die Windrichtung an, woher der Wind weht. Die Windgeschwindigkeit wird in ms^{-1} oder auch in km/h gemessen; in der Luftfahrt wird sie in Knoten angegeben.

Stark vereinfachte – und dennoch komplizierte – Anteile des Strahlungshaushaltes in der Luft und am Boden; als Maß dient die gesamte Einstrahlung der Sonne in die Atmosphäre, sie wird 100 % gleichgesetzt.

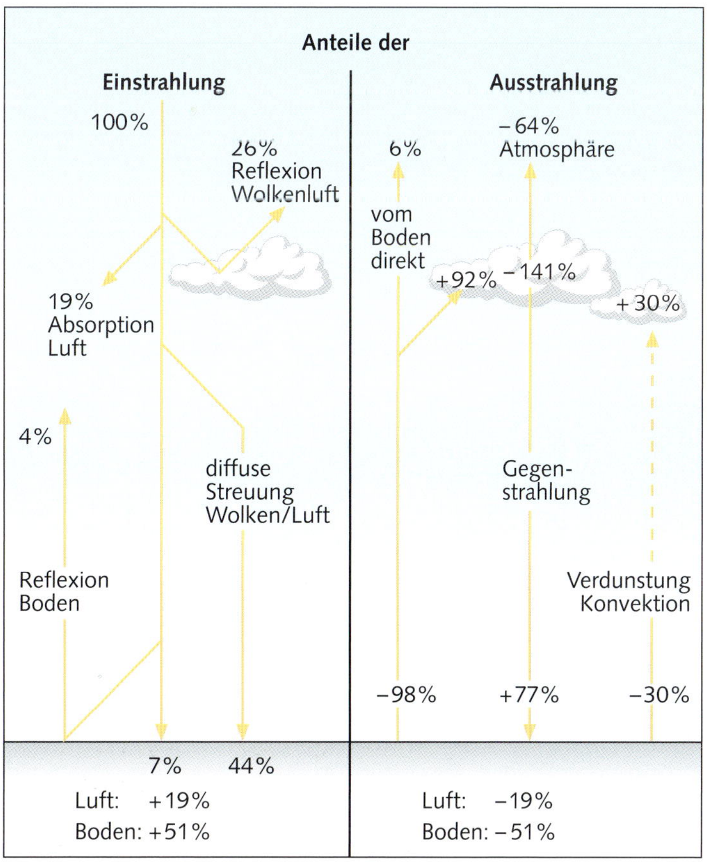

Luftmassen

Es gibt auf der Erde stets größere Bereiche, die von einer Luftmasse mit weitgehend gleichen Eigenschaften, z. B. gleicher Temperatur, überdeckt werden. Von benachbarten Luftmassen ist diese Luftmasse durch schmale Zonen getrennt, in denen sich die Temperatur auf kurze Entfernung rasch ändert, den Luftmassengrenzen. Besonders wetterwirksam sind die Fronten. Auch andere Eigenschaften der Luft wie der Feuchtegehalt können sehr unterschiedlich sein. Natürlich verändern sich die Eigenschaften von Tag zu Tag abhängig von den Strahlungsbedingungen. Die Einteilung der Luftmassen richtet sich vor allem nach ihrer Herkunft; weitere Differenzierungen erfolgen nach ihren Eigenschaften. Die vier für das Wetter im Alpenraum wichtigsten Luftmassen sind:

- Meeresluft: Vom Ursprung her ist es eine feuchte, meist wolkenreiche Luftmasse; ihre Temperatur unterscheidet sich vom Sommer zum Winter nicht so stark wie auf dem Land, sodass sie im Sommer in Mitteleuropa als kühl, im Winter dagegen als mild empfunden wird. Sie gelangt mit Westwetterlagen in den Alpenraum.
- Polarluft: Vom Ursprung her ist es eine kalte Luftmasse, die im Sommer als sehr kühl oder kalt empfunden wird, im Winter als mäßig kalt. Entsprechend ihrem Weg bis zu den Alpen ist sie feuchter, wenn sie mehr aus Nordwesten über den nördlichen Atlantik kommt, oder trockener, wenn sie auf kurzem Weg direkt aus Norden über Skandinavien nach Mitteleuropa strömt.
- Festlandluft: Ihr Feuchtegehalt ist wesentlich geringer als der der Meeresluft, die Temperatur hängt von der Jahreszeit ab. Im Sommer bei hoher Einstrahlung ist sie warm, im Winter kalt oder bei Ursprung im nördlichen Russland auch sehr kalt. In jedem Fall ist die Neigung zu Wolkenbildung und Niederschlag gering.
- Tropikluft: Aus dem subtropischen Bereich stammend, ist sie bei uns zu jeder Jahreszeit warm. Ihr Feuchtegehalt ist zunächst groß, auf dem Weg nach Mitteleuropa entscheidet die Wetterlage, ob sie feucht-warm oder trocken-warm zu uns kommt. Bei südlicher Strömung kann sogar mit Sand beladene trockene Luft aus Nordafrika zu uns kommen.

Die Bäume sind vom Wind geformt, die Äste wachsen fast nur zur windabgewandten Seite.

Geschwind./ Temperatur	10 km/h	20 km/h	30 km/h	50 km/h
5 °C	0	–1	–2	–2
0 °C	–7	–8	–9	–9
–5 °C	–13	–15	–16	–17
–10 °C	–20	–22	–23	–24
–15 °C	–26	–28	–29	–31
–20 °C	–33	–35	–36	–37
–25 °C	–39	–42	–43	–45
–30 °C	–46	–48	–49	–51

Die Wetterkarte

Bodenwetterkarte

Zur Beurteilung der aktuellen Wetterlage sind gleichzeitige Beobachtungen an möglichst vielen Orten notwendig. Die Messwerte und Augenbeobachtungen wurden in den vergangenen Jahren verschlüsselt per Fernschreiber an eine Zentrale gemeldet und dort in Karten eingetragen. Mittlerweile geschieht dies unter gleichzeitiger Prüfung der Daten weitgehend automatisch. Die Wetterkarte ist eine Momentaufnahme des Wetterzustandes über einen großen Raum. Die zahlreichen Informationen sind auch in der heutigen Wetterkarte teilweise noch verschlüsselt eingetragen, wie es zu Zeiten der Fernschreibetechnik aus Gründen des Platzsparens und der möglichst schnellen Übermittlung der Zahlenkolonnen notwendig war. Das richtige Lesen einer Wetterkarte braucht deshalb einige Vorkenntnisse. An jeder Messstation sind die Werte wie in der unten stehenden Abbildung eingezeichnet.
Die Bedeutung der Zahlen ist in der Grafik erklärt; für die Beschreibung des Wetterzustandes, der Wolken und Fronten gelten die Symbole auf Seite 30.
Die durchgehenden Linien in einer Wetterkarte sind die Isobaren, sie verbinden Linien gleichen Luftdruckes miteinander und zeigen so die Lage der Druckgebilde. Die Zentren von Hochs und Tiefs sind mit den jeweiligen Anfangsbuchstaben gekennzeichnet; teilweise ist auch die englische Bezeichnung »Low« für das Tief üblich und damit die Abkürzung »L«. Die Darstellung der Wolken beschränkt sich weitgehend auf die bereits beschriebenen zehn Wolkengattungen.

Höhenwetterkarte

An der Entwicklung des Wetters sind vor allem die Vorgänge in den höheren Luftschichten beteiligt. Für das Erkennen bestimmter Wetterlagen müssen daher neben den Bodenkarten auch Höhenwetterkarten erarbeitet werden (siehe Seite 38–40). Die Daten dafür werden mithilfe von Radiosondenaufstiegen gewonnen; der wichtigste Unterschied zu den Bodenkarten ist, dass nicht Linien gleichen Druckes eingezeichnet sind. Hier beziehen sich

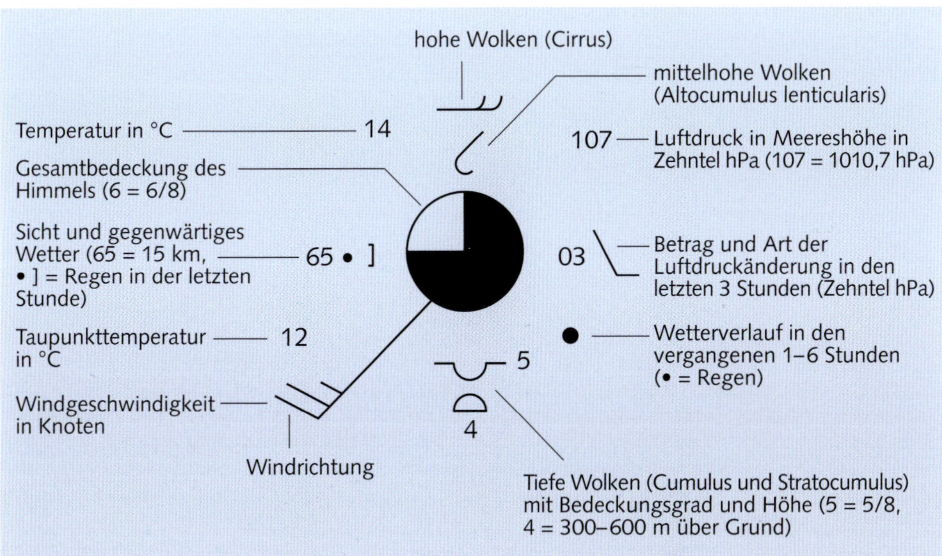

Erläuterung der in einer Wetterkarte bei den Stationen eingetragenen Größen

die Angaben auf die Höhe einer bestimmten Druckfläche, üblich ist die Darstellung der 500-hPa-Fläche in einer mittleren Höhe von 5 500 m. Sie entspricht dem halben Bodendruck und kennzeichnet daher etwa die Mitte der Atmosphäre hinsichtlich ihrer Masse. Diese Linien gleicher Höhe einer Druckfläche nennt man Isohypsen.
Windrichtung und -geschwindigkeit werden mithilfe von Radargeräten ermittelt, die die Sonden auf ihrem Weg verfolgen und eine rechnerische Bestimmung ihrer Position ermöglichen. Die beiden Größen werden mithilfe von Windfähnchen dargestellt, wie auch in den Bodenwetterkarten üblich. Daneben sind in der Höhenkarte die Temperatur und meistens der Taupunkt als Maß für die herrschende Feuchte eingetragen, oder auch die Differenz zwischen Temperatur und Taupunkt.

Es gelten für Boden- und Höhenwetterkarte folgende Zusammenhänge und Regeln:

- Große Druckunterschiede sieht man an eng nebeneinander liegenden Isobaren bzw. Isohypsen.

Oben links: Je näher die Isobaren beieinander liegen, desto stärker weht der Wind.

Unten links: Satellitenbild

Rechts: Die wichtigsten Symbole bei den Eintragungen in einer Wetterkarte

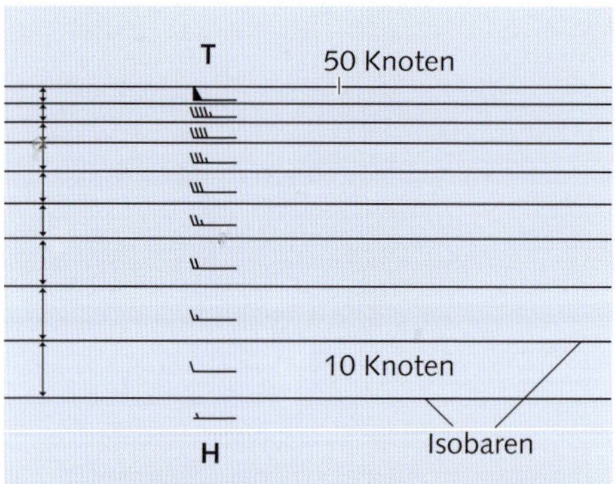

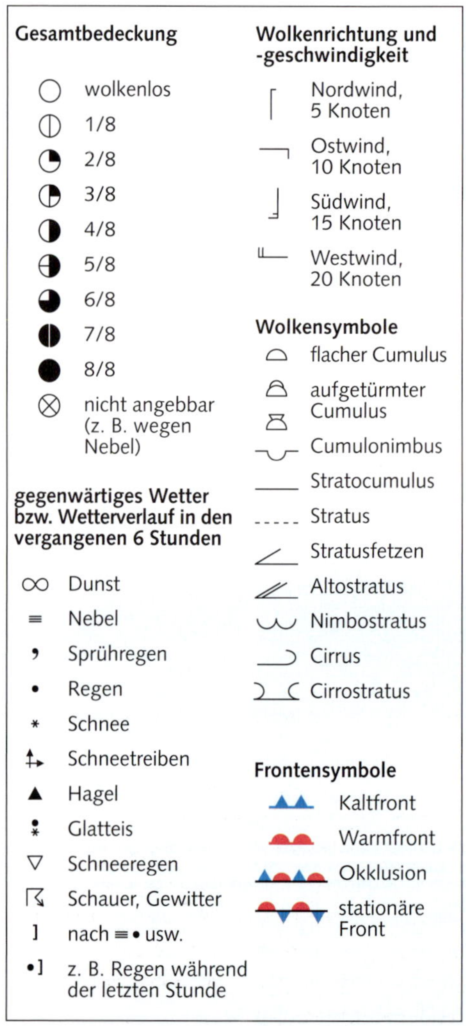

- Gleichzeitig bedeuten eng liegende Isobaren und Isohypsen eine hohe Windgeschwindigkeit.
- Der Wind weht in der Höhe nahezu parallel zu den Isohypsen, am Boden in einem kleinen Winkel dazu, wobei der Wind mit einer kleinen Komponente in das Tief hinein weht bzw. aus dem Hoch heraus.
- Die Lage der Druckzentren kann grob mit dem folgenden Zusammenhang bestimmt werden: Steht man mit dem Rücken zum Wind, ist der **tiefe** Druck **links** und der **hohe** Druck **rechts** vom Beobachter.

Satellitenbilder und -daten

Satelliten erlauben grundsätzlich eine lückenlose Beobachtung der vorhandenen Wolken in der Atmosphäre. Die Erfassung anderer meteorologischer Größen ist mittels Satellit aber nur näherungsweise möglich; gerade über den großen Wasserflächen der Erde wäre dies natürlich wichtig. Mithilfe der polarumlaufenden Satelliten, die in einer Höhe von wenigen 100 km die Erde umrunden, können grob die Temperatur und die Feuchte bestimmt werden. Eine genauere Ausnutzung der Beobachtungen und Messwerte ist Gegenstand der weiteren Forschung. Geostationäre Satelliten – sie drehen sich synchron mit der Erdoberfläche und stehen immer über demselben Punkt – ermöglichen quantitative Informationen über die Windverhältnisse. Die zeitliche Verlagerung bestimmter Wolkenstrukturen lässt Rückschlüsse auf Windrichtung und -geschwindigkeit in verschiedenen Höhen der Atmosphäre zu.

Der Nutzen für den Bergsteiger liegt in der Verfolgung der Wolken auf ihrem Weg und mit ihren Veränderungen in Bezug auf seinen Standort, solange ihm ein entsprechendes Medium zur Verfügung steht. Die Struktur der Wolken kann in vielen Fällen wichtige Hinweise auf die Intensität bevorstehender Wetterereignisse geben.

Das Satellitenbild rechts oben wird bestimmt von einem großen Tiefdruckgebiet, das von den Britischen Inseln über Island bis Grönland reicht. Gut erkennbar ist seine Warmfront, die den größten Teil Frankreichs überdeckt, und die weit auf den Atlantik hinausreichende Kaltfront. Optisch weniger auffallend, für das Alpenwetter aber entscheidend, ist ein kräftiges Tiefdrucksystem über dem Alpenraum, erkennbar an einer fast kreisförmigen Anordnung der Wolken rund um die Alpen. Im Mittelmeerraum sind damit Schauer und Gewitter verbunden, die kräftige Sonne Ende April erzeugt eine ausgeprägte Land-Seewind-Zirkulation mit vielen Wolken über den Inseln und dem Festland Italiens und fast wolkenfreiem Raum über dem Wasser. Eine ausgedehnte Hochdruckzone erstreckt sich vom Schwarzen Meer bis Skandinavien; hier sind die weißen Gebiete zum großen Teil Schneeflächen.

Optische Erscheinungen

Alle optischen Erscheinungen sind darauf zurückzuführen, dass das Sonnenlicht beim Durchgang durch die Luft und die darin enthaltenen Wassertröpfchen, Eiskristalle etc. gestreut und reflektiert oder auch absorbiert wird.

Haloerscheinungen

Am häufigsten sind teilweise farbige Ringe um die Sonne, seltener um den Mond. Da das Licht am intensivsten bei einer Ablenkung von 22° und 46° gebrochen wird, sind die Halos in dieser Entfernung zu sehen. Es gibt aber auch Höfe, die als helle Flächen direkt um Sonne oder Mond zu sehen sind und auf Beugung des Lichtes an dünnen Wolkenschichten beruhen. Lichtsäulen sind weiß leuchtende Säulen senkrecht über und unter der Sonne. Besonders intensive Farben haben die Nebensonnen, die in gleicher Höhe wie die Sonne stehen; ihr Abstand von der Sonne variiert mit der Sonnenhöhe. Nahe dem Horizont liegen die Nebensonnen auf dem 22-Grad-Ring, bei höherem Stand der Sonne weiter von ihr entfernt. Diese häufig sehr farbenprächtigen Erscheinungen treten vor allem an Eiskristallen in gleichmäßig strukturierten Cirruswolken auf.

Regenbogen

Er entsteht durch Brechung der Sonnenstrahlen an der Grenzschicht zwischen Luft und Tropfen und Reflexion an der Innenseite der Regentropfen (Hauptregenbogen) sowie durch zweifache Spiegelung im Tropfen (Nebenregenbogen). Am häufigsten tritt er auf nach sommerlichen Schauern oder Gewittern und nachfolgender schneller Aufheiterung. Der Regenbogen entsteht in einem Winkelabstand von 42° von der Linie Sonne–Auge und kann deshalb nur bei relativ niedrig stehender Sonne am Vormittag (dann vor dem aus Westen kommenden Schauer!) oder am Nachmittag entstehen. Im Gebirge ist der Regenbogen auch bei höherem Sonnenstand zu sehen, wenn er in den Fallstreifen des

Links: Schwacher Halo mit Nebensonnen, Lichtsäule und oberem Berührungsbogen

Rechts: Fast vollständiger Halo im Abstand 22°, im dichten Cirrus entstehend

Links: Teil des Halos im 46-Grad-Abstand

Rechts: Nebensonne mit schwachem Halo im aufziehenden Cirrostratus; vor der Warmfront noch gute Fernsicht durch stabile Schichtung mit Bodeninversion

Niederschlags in der Umgebung auftritt.
Die Farbabfolge ist von außen Rot bis an der Innenseite Violett. Manchmal wird noch ein zweiter Regenbogen außerhalb des Hauptregenbogens sichtbar mit umgekehrter Abfolge der Farben, da er durch Brechung und zweifache Spiegelung zustande kommt. Am besten ist ein Regenbogen bei großtropfigem Regen ausgeprägt, weniger gut bei kleinen Tropfen; dann erscheint er nur mehr in schwachen Farben, teilweise schon eher weißlich.

Glorie

Mit der Sonne im Rücken auf eine nur wenig unter dem Beobachter liegende Wolkenoberfläche oder eine Nebelwand schauend, sieht man die Glorie, einen farbigen Kranz um seinen eigenen Schatten, die deswegen auch »Brockengespenst« genannt wird.
Die Glorie besteht aus mehreren, manchmal nur schwach farbigen Ringen um den eigenen Schatten, innen bläulich, am Außenrand etwas rötlich. Die Ringe entstehen durch Beu-

Links: Doppelter Regenbogen, der äußere mit umgekehrter Farbabfolge

Rechts: Regenbogen bei leichtem Schauer und relativ guter Sicht

Rechts: Deutlich ausgeprägte Glorie

gung des Lichtes an Wolkentröpfchen oder Eiskristallen.

Weitere Erscheinungen

Irisierende Wolken

Diese Erscheinung ist an dünnen, in Sonnennähe am Himmel stehenden Altocumulus- oder Cirruswolken zu sehen und entsteht durch Beugung des Lichtes an den Tröpfchen oder Kristallen der Wolke; die Farben liegen überwiegend im Grün- und Rotbereich.

Brechung

Im Gegenlicht sind um die Sonne oft farbige Ringe zu sehen.

Sichtbare Sonnenstrahlen

Bei hoher Feuchte in der Atmosphäre oder auch bei Dunst werden durch Lücken in einer höheren Wolkendecke die durchfallenden Sonnen-

Links: Schwache Glorie um den Bergschatten

Rechts: Schattenwurf durch kleine Altocumulus-wolken in der feuchten und dunstigen Luft

Irisierende Cirruswolken

strahlen sichtbar, die sich hervorheben, weil die umliegende Luft im Schatten der Wolken bleibt.

Purpurlicht

Beim Alpenglühen werden durch direkte Sonnenstrahlung kurz vor Sonnenuntergang Felswände und Berge in den bei Dämmerung vorherrschenden Farben gebadet, zunächst in eher gelbem, später in rotem Licht (Purpurlicht). Im Schatten liegende Flächen heben sich als fast schwarze Bereiche heraus. Das Purpurlicht tritt erst etwa 25 Minuten nach Sonnenuntergang auf, wenn die Sonne 4° unter dem Horizont steht. Durch Streuung in der Atmosphäre gelangt der zu diesem Zeitpunkt stärkste Anteil des purpurnen Lichtes noch auf die hellen Wände; infolge der Streuung sind kaum mehr Konturen zu erkennen im Gegensatz zur direkten Sonneneinstrahlung. Besonders nach Vulkanausbrüchen mit hoher Streuung des Sonnenlichtes an den Aerosolen in der Atmosphäre kann das Purpurlicht zu sehen sein.

Links: Einzelne Sonnenstrahlen kommen zwischen getrennt stehenden, höher reichenden Cumuluswolken durch.

Rechts: Die Felsen »erglühen« im letzten Licht der Sonne; die in der Thermik entstandenen Wolken lösen sich auf.

Links: Brechung des weißen Lichtes

Rechts: Im durch Streuung entstehenden Purpurlicht nach Sonnenuntergang gibt es keine Schlagschatten.

Zirkulation der Atmosphäre

Die allgemeine Zirkulation der Atmosphäre ist die Gesamtheit aller großräumigen Luftbewegungen auf der Erde. Motor für das Wetter auf der Erde ist die Energie der Sonne.

Globale Zirkulation

Die Einstrahlung der Sonne ist sehr unterschiedlich: Am Äquator steht die Sonne das ganze Jahr sehr hoch oder sogar nahezu senkrecht, an den Polen steht sie auch im jeweiligen Sommer nur maximal 23° über dem Horizont, selbst die langen Tagzeiten bringen keinen großen Energieeintrag. Damit entstehen ein stets warmes Gebiet um den Äquator und ein ständiges Kaltluftreservoir an den Polen. Warme Luft steigt aufgrund ihrer geringeren Dichte auf. Kalte sinkt ab, da sie schwerer ist. Damit würde sich auf einer ruhenden Erde mit homogener Oberfläche grundsätzlich folgende Zirkulation ergeben: Die warme Luft steigt am Äquator auf, in der Höhe fließt die Luft wegen des Druckgefälles in der Höhe zu den Polen ab. Dort sinkt die kalte Luft wieder ab, während am Boden ein Zurückströmen der Luftmassen zum Äquator einsetzt. Dieser einfache Kreislauf wird stark modifiziert, thermisch vor allem durch die ungleichmäßige Verteilung von Land und Ozean, die unterschiedliche Erwärmung je nach Breitengrad und dynamisch durch die ablenkende Kraft der Erdrotation und die Reibungskraft. Das sich ergebende Bild zeigt die unten stehende Abbildung.

Druckgürtel

Es lassen sich Zonen mit sehr unterschiedlichem Witterungscharakter feststellen, die durch die vorherrschende Druckverteilung gekennzeichnet sind und auch Luftdruckgürtel genannt werden. Sie verlaufen annähernd parallel zu den Breitenkreisen.

Äquatoriale Tiefdruckrinne

Hier treffen die beiden Passatströmungen der nördlichen und südlichen Halbkugel zusammen, sie »konvergieren«, deshalb wird die Äquatoriale Tiefdruckrinne auch Innertropische Konvergenz (nach der englischen Bezeichnung ITC abgekürzt) genannt. Charakteristisch sind die Gewitter mit Starkregen im Tagesgang, die sich in der aufsteigenden Luft bilden. Die ITC liegt im Schnitt bei 5° Nord, wandert aber den Jahreszeiten und dem Sonnenstand folgend besonders über dem Festland bis ca. 20° Nord bzw. Süd. Besonders weit vom Äquator entfernt sie sich über Indien, nämlich bis zu 30° nördlicher Breite.

Die Druckgürtel und Zirkulationen auf der Nordhalbkugel

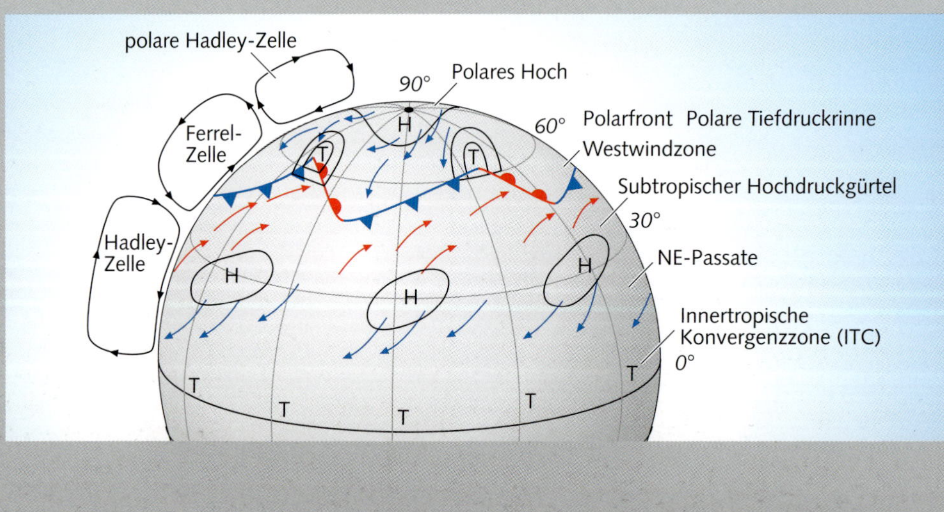

Subtropischer Hochdruckgürtel

Er liegt etwa bei 30° N bzw. 30° S und erstreckt sich jeweils über zehn bis maximal 15 Breitengrade. Diese Zone teilt sich in mehrere, oft ortsfeste einzelne Hochdruckgebiete auf, deren bekanntestes für uns Mitteleuropäer das Azorenhoch ist. Die in diesem Bereich absinkende Luft ist naturgemäß sehr trocken; der fehlende Niederschlag ist die Ursache für die Wüstenzonen in diesen Breiten.

Westwindzone mit der polaren Tiefdruckrinne

Das Druckgefälle zwischen dem subtropischen Hochdruckgürtel und der polaren Tiefdruckrinne induziert unter dem Einfluss der Erdrotation eine kräftige westliche Strömung. Sie liegt mit großen Schwankungen zwischen 35° und 65° Breite. In ihr entwickeln sich im Grenzbereich der subtropischen Warmluft und der polaren Kaltluft die Tiefdruckgebiete, die auf ihrem Weg nach Osten unbeständige Witterung verursachen. In der Höhe ist die Polarfront mit einem Starkwindfeld verbunden, in dem teilweise sehr hohe Windgeschwindigkeiten erreicht werden.

Polares Hochdruckgebiet

Im Mittel liegen über den Polen kalte Hochdruckgebiete, die aufgrund der schweren Kaltluft nur in den unteren Kilometern ausgeprägt sind und in der Höhe von tiefem Druck überlagert werden. An ihrem Rand treten häufig Nordost- und Ostwinde auf.
Diese Druckverteilung induziert folgende Windsysteme:

Hadley-Zelle

Zwischen subtropischem Hochdruckgürtel und der äquatorialen Tiefdruckrinne bildet sich auf beiden Halbkugeln die Hadley-Zelle. In ihr steigt die am Äquator erwärmte Luft auf und fließt in der Höhe nach Norden bzw. Süden. Bei im Mittel 30° Breite sinkt die Luft großräumig ab und strömt in einer rund 1 bis 2 km mächtigen Schicht als Passatwind, auf der Nordhalbkugel aus Nordost, auf der Südhalbkugel aus Südost, zum Äquator zurück.

Ferrel-Zelle

Vom subtropischen Hochdruckgürtel strömt warme Luft nach Norden und Nordosten und trifft an der Polarfront auf die von den Polen südwärts strömende kalte Luft. Darin überwiegt eine aufsteigende Luftbewegung; in der Höhe strömt die Luft in Richtung Äquator, wo sie in die absteigende Luft im Bereich des Hochdruckgürtels einbezogen wird. Dieser Teil der atmosphärischen Zirkulation wird Ferrel-Zelle genannt.

Links: Wellenwolken in der höheren Atmosphäre sind häufig Anzeiger für hohe Windgeschwindigkeit.

Rechts: Wellenwolken in der unteren Atmosphäre (Stratocumulus) entstehen dagegen meist an Grenzflächen unterschiedlicher Temperatur oder Dichte der Luft.

Polare Hadley-Zelle

Der dritte Teil der Zirkulation, die polare Hadley-Zelle, ist nicht so ausgeprägt wie die beiden anderen. Hier wird durch Ausstrahlung die Luft fortlaufend abgekühlt und breitet sich in Bodennähe aufgrund ihres Gewichtes aus; zum Ausgleich strömt in der Höhe Luft aus südlicheren Breiten nach.

Mitteleuropa

Für unser Wetter können je nach Jahreszeit unterschiedliche Teile der Zirkulation und der mit ihnen verbundenen Witterungszonen das Wetter bestimmen. So wie die ITC dem Sonnenstand folgend nach Norden wandert, verschieben sich die Luftdruckgürtel entsprechend. So kommt Mitteleuropa und damit auch der Alpenraum im Sommer der Nordhalbkugel zumindest zeitweise oder, wie im Jahr 2003 sogar häufig, in den Genuss des subtropischen Hochdruckgürtels.
Gleichzeitig herrscht im Mittelmeerraum anhaltende Trockenheit inmitten der Hochdruckzone. Im Winter verschieben sich alle Witterungsbereiche der Nordhalbkugel weit nach Süden: Mitteleuropa liegt jetzt häufig im Zugriff der Westwindzone, während kalter Phasen greift sie auch bis ins Mittelmeer aus und bringt dort den wichtigen Winterregen nach der langen sommerlichen Trockenheit. Gleichzeitig liegen die Alpen am Rande des polaren Hochdruckgebietes in sehr kalter Luft.
In den Übergangsjahreszeiten Frühjahr und Herbst wandert die Westwindzone von Nord nach Süd und umgekehrt über die Alpen hinweg, dies sind die Zeiten der Stürme für West- und Mitteleuropa mit häufigen Niederschlägen.
Zusammengefasst ist die vorherrschende Lage der Polarfront im Jahresverlauf:

- Frühjahr: Polarfront über Mitteleuropa und dem Alpenraum mit häufigem Durchzug von Tiefdruckgebieten.
- Sommer: Norddeutschland, Skandinavien.
- Herbst: Mitteleuropa und Alpenraum mit häufigem Durchzug von Tiefdruckgebieten.
- Winter: In milden Abschnitten liegt die Polarfront über dem südlichen Mitteleuropa, während kalter Witterungsphasen auch im Mittelmeerraum.

Höhenströmung und Vertikalbewegung

Die Polarfront und das zugehörige Starkwindfeld in der Höhe verlaufen selten auch nur annähernd kreisförmig um die Erde. Warme und kalte Luftmassen prägen der Strömung ein

Links: Ausgeprägte Hochdruckwetterlage mit Hochnebel im Tal und warmer und trockener Luft darüber

Rechts: Ganz andere klimatische Verhältnisse herrschen im Mittelmeerraum: Ausreichend Niederschlag gibt es nur im Winter, eine Schneedecke nur auf hohen Bergen.

Wellenmuster auf; in gleicher Weise wird sie durch die Orographie verändert. Meridionale, also in Süd-Nord-Richtung verlaufende Gebirgszüge wie die Rocky Mountains oder die Anden beeinflussen das Strömungsbild.
Im Lee der Gebirge bildet sich dabei ein Höhentrog, stromabwärts bilden sich weitere Wellen mit Höhenrücken (Wellenberg) und Trögen (Wellental), die im Windschatten der großen Gebirge auch im langjährigen Mittel der Höhenströmung zu erkennen sind. Wie im Folgenden erläutert wird, sind an die Wellenstruktur der Atmosphäre jeweils bestimmte Wetterabläufe gebunden; die durch die Gebirge entstandenen Wellen haben damit auch Einfluss auf das Wetter in weit davon entfernten Gebieten.
Diese Wellenstruktur in der Höhenströmung nennt man »Lange Wellen«. Rund um die Nord- oder auch Südhalbkugel treten meist drei bis sieben, am häufigsten vier bis fünf Lange Wellen auf. Mit dieser Anzahl ist eine weitgehend stabile Situation erreicht, die Wellen bewegen sich nur sehr langsam vorwärts oder sind sogar über einige Zeit stationär; die an die Struktur der Wellen gebundenen Großwetterlagen bleiben daher ebenso beständig, häufig über einen Zeitraum von zehn bis 14 Tagen. Diese Langen Wellen sind ein Erscheinungsbild in der höheren Atmosphäre, üblich ist ihre Darstellung im Niveau der 500-hPa-Fläche.
Ein Vertikalschnitt durch eine Lange Welle zeigt, dass ein Trog eine »Vertiefung«, ein Höhenrücken einen »Berg« in der Atmosphäre darstellt: Eine hoch reichend kalte Luftmasse ist immer mit einem Höhentrog verbunden, da der Luftdruck mit der Höhe in kalter Luft schneller abnimmt als in warmer. Dafür ist der Höhenrücken mit warmer Luft erfüllt, in der der Druck mit der Höhe langsamer abnimmt. Beide Systeme sorgen für den Ausgleich der Temperatur zwischen den polaren und äquatorialen Zonen.

Polarfront und Wettervorhersage

Warum ist die Polarfront mit ihren Trögen und Rücken für die Wettervorhersage so wichtig?

- Das Starkwindfeld in der Höhe ist zum einen die Steuerung für die Bodendruckgebilde, zum anderen hängt die Intensivierung eines Bodentiefs oder -hochs wiederum von der Lage in der Höhenströmung ab.
- Ein Bodentiefdruckgebiet (auch »kurze Welle« genannt) verlagert sich demnach in Richtung der Isohypsen in der Höhenkarte. Zudem gilt vereinfacht: Wenn die Luftmassen sich durch eine Lange Welle bewegen, müssen sie vom Trog zum Rücken aufsteigen (siehe eingezeichnete Pfeile in der untersten Abbildung), andererseits entsteht Niederschlag in einem Tief ebenfalls durch Aufsteigen der Warmluft: Tiefdruckgebiete werden also auf der Vorder-(= Ost-)Seite eines Höhentroges begünstigt.

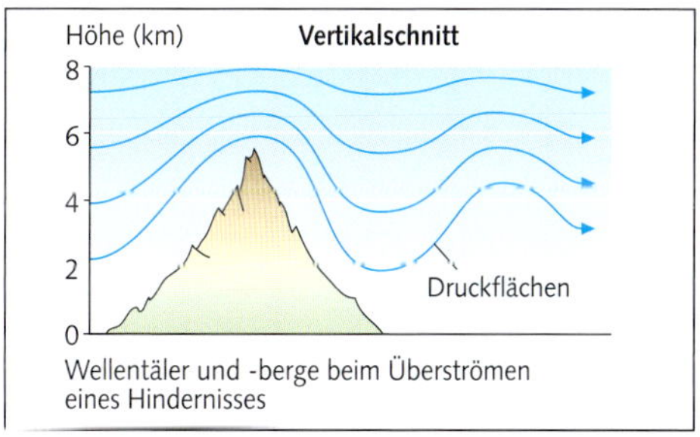

Vertikalschnitt: Wellentäler und -berge hinter einem Strömungshindernis

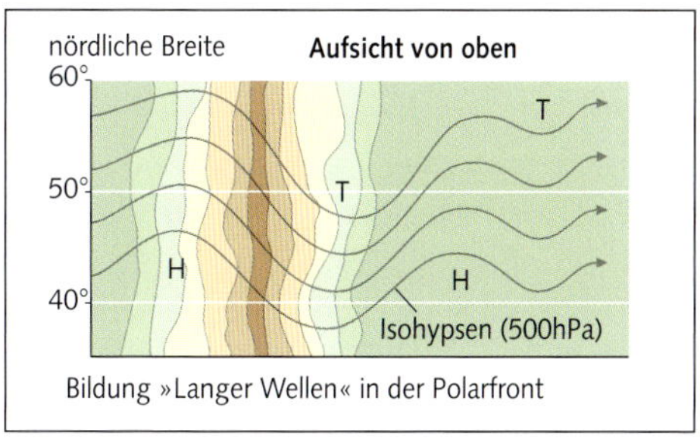

Aufsicht von oben: Entstehung von Wellen hinter einem Strömungshindernis im Bild einer Wetterkarte (Höhenströmung 500 hPa)

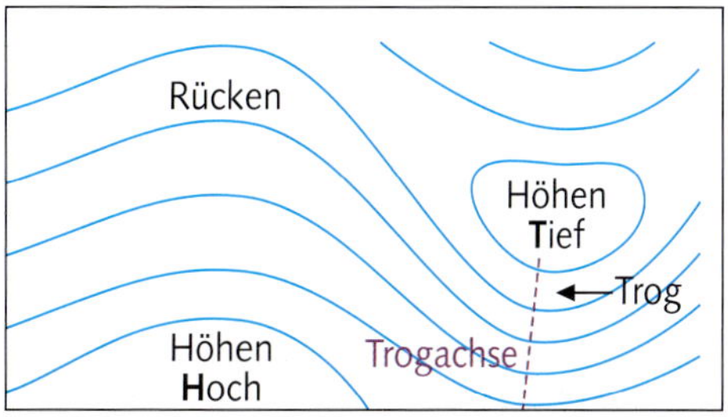

Bezeichnung der Formen der Wellen in einer Höhenwetterkarte

- Hochdruckgebiete, in denen die Luft überwiegend absinkt, werden demzufolge auf der Vorder-(= Ost-)Seite eines Höhenrückens begünstigt, da hier die Luftmassen beim Abströmen vom Rücken zum Trog ebenfalls absinken.

Wichtige Regeln

Aus diesen Zusammenhängen kann sich ein Beobachter in den Alpen wichtige Regeln ableiten, wenn die Höhenströmung über mehrere Tage aus der gleichen Richtung kommt. Erkennbar ist dies an der Wanderung der mittelhohen bis hohen Wolken. Sie zeigen ihm die derzeit herrschende Großwetterlage und damit einen Trend zur weiteren Entwicklung des Wetters.

Südwestliche oder südliche Höhenströmung:

- der Beobachter befindet sich auf der Trogvorderseite und damit in einem Gebiet mit allgemeiner Hebung der Atmosphäre.
- die Wolken- und Niederschlagsbildung sowie die Entstehung und Intensivierung von Tiefdruckgebieten werden begünstigt;
- solange die oberen Wolken aus dieser Richtung kommen, ist keine beständig schöne Wetterlage zu erwarten.

Westliche bis nordwestliche Höhenströmung mit hoher Windgeschwindigkeit:

- der Beobachter ist direkt in der Westwindzone, er muss sich auf eine rasche Abfolge von Tiefs mit nur kurzen Zwischenhochs einstellen;
- solange die Höhenströmung diese Richtungen anzeigt, ist kein beständig schönes Wetter von mehr als einem Tag Dauer zu erwarten.

Nordwestliche bis nördliche/nordöstliche Höhenströmung mit einer geringen Zuggeschwindigkeit:

- die Alpen liegen auf der Vorderseite (= Ostseite) eines ausgeprägten Höhenrückens;
- in der Atmosphäre herrscht Absinken vor, dies bedeutet geringe Wolkenentwicklung und meist keinen Niederschlag. Die Bildung und Verstärkung von Hochdruckgebieten wird begünstigt;
- bei anhaltender Strömung aus diesen Richtungen bei gleichzeitig nur langsamer Bewegung der Wolken – meistens sind nur Cirren vorhanden – ist weiter beständiges Schönwetter zu erwarten.

Zu berücksichtigen ist – was alle Vorhersagen erschwert –, dass durch die Tiefdruckentwicklungen selbst die Höhenströmung fortlaufend verändert wird. Ein Bodentief und damit eine kurze Welle, das sich vorderseitig eines Langwellentroges stark und schnell entwickelt, gestaltet die Strömung in der Höhe im Laufe seiner Intensivierung fortlaufend um. Es kann nach wenigen Tagen selbst zu einer Langen Welle werden und als Steuerungszentrum für weitere Tiefs fungieren. Solche Entwicklungen verursachen häufig eine Umstellung der Großwetterlage.

Strahlstrom

In der Atmosphäre nimmt die Windgeschwindigkeit allgemein mit der Höhe zu, besonders in Gebieten mit großen Gegensätzen der Temperatur, wie sie in der Polarfront anzutreffen sind. Nahe der Tropopause und damit im Mittel bei etwa 10 km Höhe verläuft der Strahlstrom, auch unter der englischen Bezeichnung »Jetstream« bekannt. Er ist wie die Polarfront wellenförmig mit kurzen Unterbrechungen um die gesamte Halbkugel anzutreffen. Er dehnt sich oft über eine Länge von einigen tausend Kilometern aus, ist mehrere hundert Kilometer breit und hat eine Mächtigkeit bis zu einigen Kilometern. Charakteristisch sind die sehr hohen Windgeschwindigkeiten in seinem Bereich, als untere Grenze sind mindestens 30 ms^{-1} (108 km/h) definiert. Es werden aber Geschwindigkeiten bis zu 300 km/h und mehr, in Extremfällen sogar mehr als 500 km/h beobachtet.

Lokale und regionale Windsysteme

Lokale Winde: Hangaufwind und -abwind

Wie im Globalen wirkt sich die Sonneneinstrahlung auch lokal unterschiedlich auf die Erwärmung der Luft aus. Auf sonnenbeschienenen Hängen wird die Luft schneller erwärmt als die hangferne der freien Talatmosphäre; die warme Luft steigt auf (Hangaufwind, Thermik). Nachmittags und vor allem abends mit tief stehender Sonne kühlt sich die dem Hang aufliegende Luft durch Ausstrahlung und Wärmeabgabe am Boden wieder stärker ab. Die nun kalte Luft fließt hangabwärts, es entsteht der Hangabwind. Je nach Talrichtung und Steilheit der Hänge ergeben sich im Tagesverlauf dadurch wechselnde Hangauf- und -abwinde. Bei genügend großer Feuchte, manchmal unter Einbeziehung feuchter Luftmassen aus dem Tal, werden die Hangaufwinde im Gipfelniveau, manchmal auch schon an den Hängen selbst, durch entstehende Wolken sichtbar, wenn sich die Luft beim Aufsteigen bis zum Taupunkt abkühlt. Diese Wolken, in der Regel Cumuluswolken, sind deshalb gut als Anzeiger für ab- oder zunehmende Luftfeuchte, also auch zur Einschätzung der Gewitterwahrscheinlichkeit zu verwenden (Achtung: nur bedingt bei Frontgewittern!). Mit der Tageserwärmung und der dabei zurückgehenden relativen Feuchte kann man oft beobachten, dass die Untergrenze der Hangwolken untertags ansteigt.

Dabei gelten folgende Regeln, die stets gemeinsam zu betrachten sind:

- Eine hohe Wolkenuntergrenze, also ein hohes Kondensationsniveau, bedeutet insgesamt niedrigere Luftfeuchte. Bei sehr trockener Luft bleiben auch die höheren Gipfel wolkenfrei, bei etwas größerer Feuchte bilden sich die Cumuli schon im Gipfelniveau.
- Je früher die Thermikwolken auftreten und je niedriger die Untergrenze, umso größer ist der Feuchtegehalt. Vor allem bei mehrtägigen Touren ist auf den zeitlichen Unterschied der Wolkenbildung zum Vortag zu achten, daraus ist auf den Auf- oder Abbau von Hochdruckgebieten zu schließen.

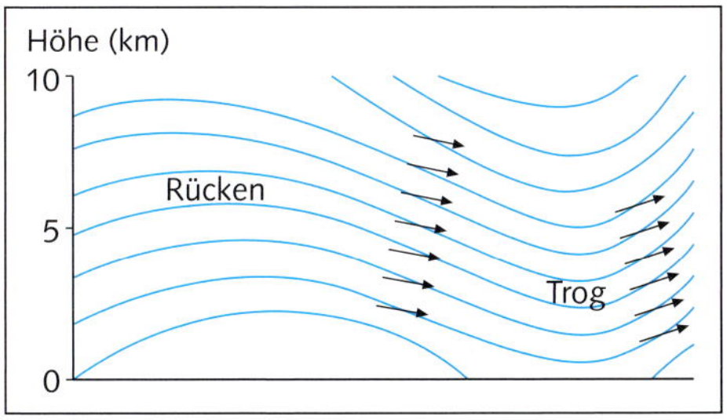

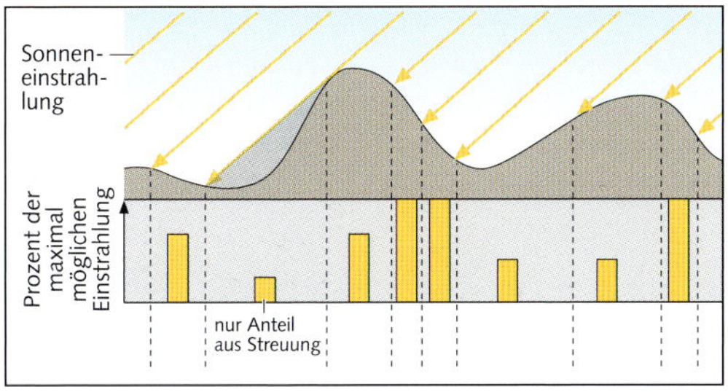

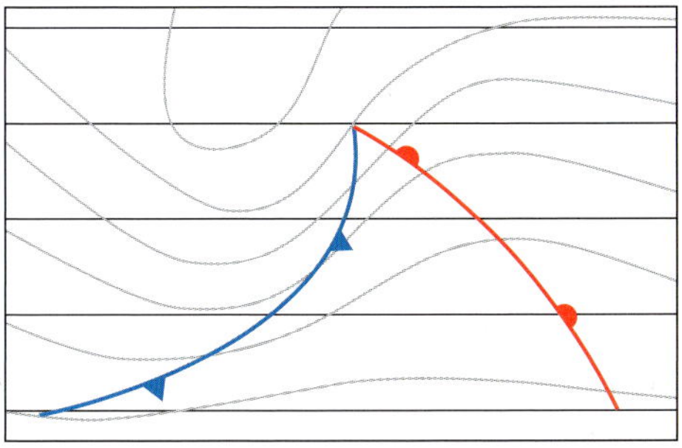

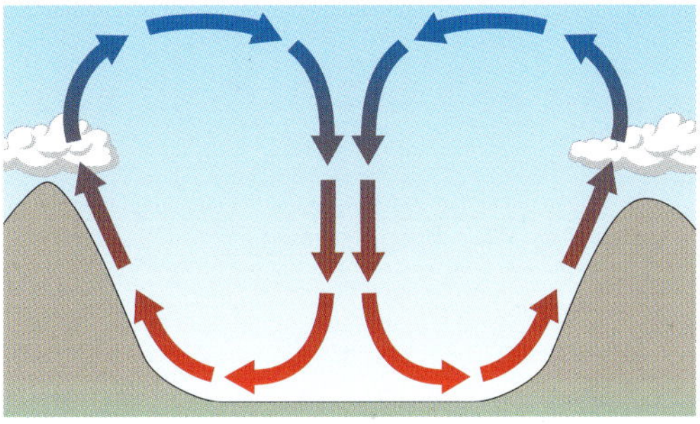

Oben links: Beim Durchströmen einer Langen Welle kommt es zum Absinken vorderseitig eines Rückens und zur Hebung vorderseitig eines Höhentroges.

Oben rechts: Entsprechend der Neigung des Bodens zur einfallenden Sonnenstrahlung unterscheidet sich der Energiegewinn: Er ist maximal bei senkrechtem Auftreffen, im Schatten eines Hindernisses bringt nur die Streuung an den Luftmolekülen geringe Einstrahlung.

Unten links: Ein Bodentief verändert im Laufe seiner Entwicklung die zunächst geradlinige Höhenströmung.

Unten rechts: Bei Sonnenschein entsteht in Gebirgstälern eine geschlossene Zirkulation: Es herrschen Aufwinde an den Hängen und schwaches Absinken über dem Talraum.

- Je höher sich die Wolken tagsüber entwickeln, umso labiler ist der Zustand der Atmosphäre; die Schauer- oder Gewitterneigung steigt. Bleibt die Obergrenze aller Wolken auf einer Höhe stehen, so ist in höheren Luftschichten die Absinkinversion eines Hochdruckgebietes wirksam (siehe Seite 12 und 57), es entstehen keine Gewitter; die Obergrenze der aufsteigenden Wolken darf dabei ca. 4000 bis 5000 m (von der Basis aus gerechnet ca. 3000 m) nicht übersteigen! Bei größerer Mächtigkeit der Cumuluswolke ist bereits mit der Bildung von Schauern zu rechnen.
- Hangabwinde bilden sich immer bei klarem Himmel oder zumindest geringer Bewölkung, sie zeigen auch nur diese gerade herrschenden Bedingungen an und sind nicht als Mittel zur Vorhersage geeignet.

Die infolge von Hangauf- und -abwinden entstehenden Strömungen werden durch Ausgleichsströmungen über der Talmitte zu einer geschlossenen Zirkulation. Die Hangaufwinde tagsüber lösen eine schwach absinkende Bewegung über der Talmitte aus, sodass hier im Gegensatz zu den Hängen und Gipfeln durchweg sonniges Wetter herrscht (siehe auch Seite 39, Abbildung rechts unten). Seltener ist die nächtliche Aufwärtsbewegung über dem Tal an Wolken zu erkennen; teilweise können sich Felder von Stratocumulus entwickeln.

Links: Selbst bei starker Bewölkung erzeugt die vergleichsweise geringe Einstrahlung noch einen Hangaufwind; darüber dichter Altostratus und Cirrostratus

Rechts: Querzirkulation im Tal mit Cumuluswolken im Hangaufwind über den Bergen und wolkenfreiem Tal.

Regionale Windsysteme: Berg- und Talwind

Während Hangwinde lokale Winde sind, die durch die örtliche Einstrahlung entstehen, sind Berg-Tal-Windsysteme viel weitreichender. Sie umfassen nicht nur die großen Täler der Alpen, sondern beziehen fast das gesamte Alpenvorland im Norden und Süden mit ein.

Berg-Tal-Winde sind nicht als »Summe« der Hangwinde zu verstehen, da sich Auf- und Abwinde ungefähr die Waage halten, vielmehr sind die Hangwinde nur ein Teil der großräumigen Zirkulation.

Zur Entstehung des Berg-Tal-Windsystems, das im Prinzip ähnlich entsteht wie die Land-See-Windzirkulation, wird die auf Seite 43 oben stehende Abbildung herangezogen:

Schon kurz nach Sonnenaufgang empfangen die nach Osten und Südosten gerichteten Hänge optimalen Strahlungsgenuss (Punkt 1 in der Abbildung), da die Sonne senkrecht auftrifft. Der Boden und damit die Atmosphäre erwärmen sich dadurch rasch, die Luft dehnt sich nach oben aus, die Druckflächen steigen stetig an und damit auch der Luftdruck auf den Bergen. Im Voralpenland erwärmt sich der Boden nicht so schnell, da die Sonne nur sehr flach auftrifft; die Luft dehnt sich langsamer nach oben aus. Im Laufe des frühen Vormittags entsteht deshalb eine Druckdifferenz in der Höhe. Als Ausgleich für die entstandene Druckdifferenz in der Höhe setzt eine Ausgleichsströmung ein vom hohen Druck über dem Gebirge zum vergleichsweise tiefen Druck in gleicher Höhe über dem Vorland (Punkt 2 in der Abbildung Seite 41 oben rechts).

Vereinfacht dargestellt verliert die Atmosphäre durch das Ausströmen in der Höhe über den Bergen an Gewicht, als Folge sinkt der Luftdruck in den Gebirgstälern (Punkt 3), während er im Voralpenland durch Zufuhr von Luftmassen in der Höhe etwas ansteigt.

Als Ausgleich für diese am Boden entstehende Druckdifferenz setzt hier ebenfalls eine Ausgleichsströmung ein (Punkt 4), natürlich mit umgekehrten Vorzeichen, nämlich als Tal(auf)wind vom Vorland zum Gebirge hin.

Schon vor Sonnenuntergang setzt im Gebirge bei nachlassender Einstrahlung rasche Abkühlung, vor allem an den Schatthängen, ein (siehe Abbildung Seite 41 unten rechts). Alle zuvor beschriebenen Vorgänge laufen umgekehrt ab:

- Schrumpfen der Luft infolge rascherer Abkühlung an der großen Oberfläche aller Hänge im Gebirge (Punkt 1);
- damit schnelleres Absinken der Druckflächen im Gebirge gegenüber dem Vorland.
- Es entsteht bald nach Sonnenuntergang ein »Tief« über den Bergen, gleichzeitig ein »Hoch« über dem Alpenvorland.
- Zum Ausgleich der Druckdifferenz setzt die Strömung in der Höhe vom Alpenvorland zum Gebirge ein (Punkt 2).
- Die Folge ist ein Druckanstieg in den Alpentälern bei Druckfall im Vorland (Punkt 3).
- Als »Endergebnis« dieser Vorgänge bildet sich der Bergwind, oder, um Verwechslungen zu vermeiden, der Talabwind, der Luft vom Gebirge ins Vorland transportiert (Punkt 4).

Die Intensität des Berg-Tal-Windsystems hängt von folgenden Faktoren ab:

- der Jahreszeit mit unterschiedlicher Höhe des Sonnenstandes;
- der Tageslänge und Dauer der Einstrahlung;
- das Variieren der Einstrahlungsintensität durch Dunst oder Wolken;
- Richtung und Geometrie der Täler;
- Vegetation und Bebauung.

Im Durchschnitt erreicht der Talaufwind eine Stärke je nach Breite des Tales und seiner Orientierung von 3 bis 5 ms^{-1} bei wechselnden Geschwindigkeiten, der nächtliche Talabwind weht gleichmäßig bei nur 1 bis 2 ms^{-1}. In den Tälern der Alpensüdseite sind die Aufwinde tagsüber häufig stärker, da die insgesamt mehr zur Sonne geneigten Hänge mehr Sonnenenergie empfangen. An Hindernissen in großen Tälern können lokal sehr hohe Windgeschwindigkeiten auch beim Talabwind auftreten; ein Beispiel ist der »Erler Wind« im Inntal, der örtlich sehr begrenzt mit mehr als 50 km/h wehen kann. Der Tagesgang des Luftdrucks kann dabei an schönen Sommertagen bis zu 5 hPa betragen (im Mittel ca. 3 hPa), das ergibt auf dem Höhenmesser einen Unterschied von bis zu 50 m auf höheren Bergen. Bei Bewölkung wird sich entsprechend deren Stärke die tägliche Druckdifferenz vermindern, ebenso im Winterhalbjahr mit geringerer Intensität der Einstrahlung. Den Druckverlauf im Tal und auf dem Berg (ca. 2 000 bis 2 500 m) zeigt die Abbildung auf Seite 44.

Wichtige Regel

Um bei der Beobachtung des Höhenmessers den Tagesgang des Druckes zu eliminieren, sollte zur Bestimmung der großräumigen Drucktendenz der Druck bzw. die Höhe jeden Tag zur selben Zeit abgelesen werden!

Gletscherwind

Auf den Gletschern selbst, besonders an ihrem unteren Ende, weht der Wind abwärts. Die kalte Oberfläche kühlt die aufliegende Luft ab, diese wird schwerer und fließt hangabwärts. In engen Talbereichen unterhalb eines Gletschers kann die Windgeschwindigkeit in der kalten, den Fallwinden zuzurechnenden Strömung hohe Werte erreichen. Besonders markant sind die Gletscherwinde am Rande der großen Eisflächen von Grönland und der Antarktis.

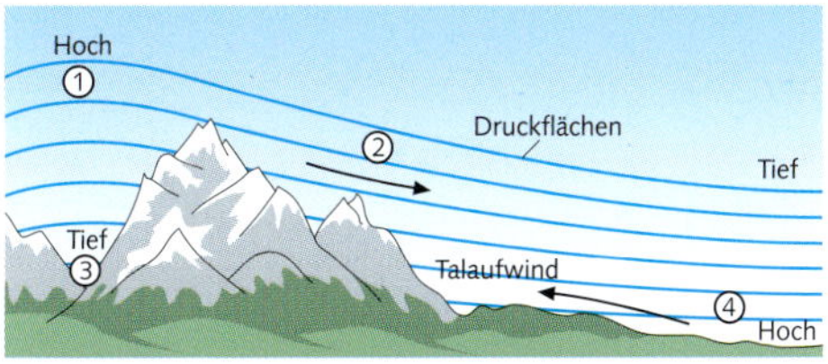

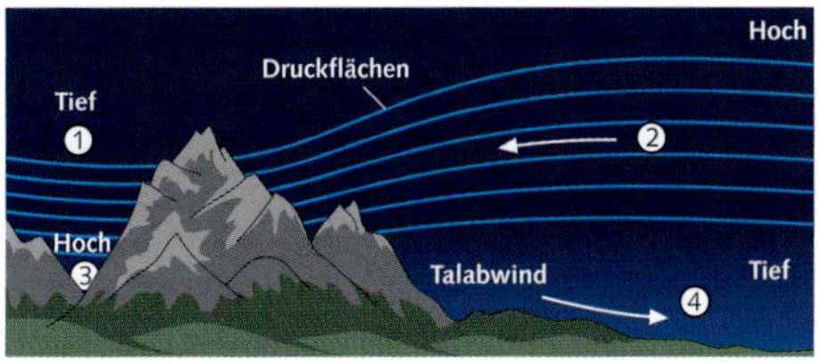

Oben: Entstehung des Talaufwindes tagsüber

Unten: Entstehung des Talabwindes während der Nachtstunden

Druckgebilde

Tiefdruckgebiet

Die Tiefdruckgebiete entstehen an der Polarfront, wo kalte Luft polaren Ursprungs und warme subtropische Luft nebeneinander liegen. Trotz der komplizierten Prozesse bei der Entwicklung eines Tiefdruckgebietes – in der Meteorologie auch Zyklone genannt – kann ihr Lebenslauf zumindest schematisch dargestellt werden.
Vereinfacht dargestellt, kann ein Gebiet mit allgemeiner Hebung in der Atmosphäre, wie es vor allem vorderseitig von Höhentrögen zu finden ist (siehe Seite 42/43), eine wellenförmige Ausbuchtung (B) an der zunächst stationären Polarfront (A) hervorrufen. In diesem Stadium ist im Satellitenbild bereits eine gut sichtbare Verbreiterung des sonst schmalen Wolkenbandes an der Front zu sehen. Im Zusammenspiel zwischen der noch kleinen Welle, der Hebung und der Höhenströmung beginnt der Luftdruck zu fallen, um das Zentrum der Welle bildet sich ein Tiefdruckgebiet. Die Luft beginnt sich entgegen dem Uhrzeiger um das Tief zu drehen, der immer stärker werdende Wind setzt auf der Rückseite des Tiefs die kalte Luft gegen die warme in Bewegung, auf der Vorderseite die warme gegen die kalte; es bilden sich die Warmfront und die Kaltfront mit ihren Wettererscheinungen (C). Im Reifestadium (D) sind die Wettervorgänge am intensivsten, das Einholen der Warmfront durch die Kaltfront führt im weiteren Ablauf zur Okklusion, wobei die warme Luft nur noch in der Höhe vorhanden ist. Das Tief ist jetzt von kalter Luft erfüllt (E), durch die Bodenreibung füllt es sich langsam auf, der Druck steigt und der Wind wird schwächer. Nach der Auflösung des Tiefdruckgebietes ist die Lage der Polarfront (F) wie zu Anfang in Ruhe.
Das Tief wandert im zur Polarfront gehörenden Starkwindfeld der höheren Luftschichten entsprechend der Strömung trogvorderseitig meist von Südwest oder West nach Nordost oder Ost. Die Dichte der Isobaren (Linien gleichen Luftdrucks in der Bodenwetterkarte) gibt die Intensität und damit die Windstärke (z. B. Sturmtief) an. Auf der Vorderseite transportiert ein Tief Warmluft nach Norden bzw. Nordosten, auf der Rückseite Kaltluft nach Süden bzw. Südosten und gleicht somit das Temperaturgefälle zwischen Pol und Äquator aus. Mit Durchzug des Tiefs ist ein zweifacher Luftmassenwechsel verbunden, es kommt auch zu einem lebhaften vertikalen Austausch.
Die Windgeschwindigkeit im Tief ist im Warmsektor und bei Durchzug der Kaltfront am höchsten, sie nimmt mit der Intensität des Tiefs (Dichte der Isobaren, »Tiefe« des Drucks im Zentrum) zu. Während junge Tiefdruckgebiete sehr schnell, mit rund 60 % der Höhenströmung in der 500-hPa-Fläche wandern, werden sie mit zunehmender Reife und erst recht mit zunehmender Alterung immer langsamer, also durchaus eine parallele Entwicklung zum Bergsteiger! Legt das junge Tief mit kleiner horizontaler Ausdehnung als Welle an der Polarfront zunächst bis zu 1 000 km am Tag zurück, wird es dann als ausgedehntes Tief mit einigen tausend Kilometern Durchmesser weitgehend stationär.

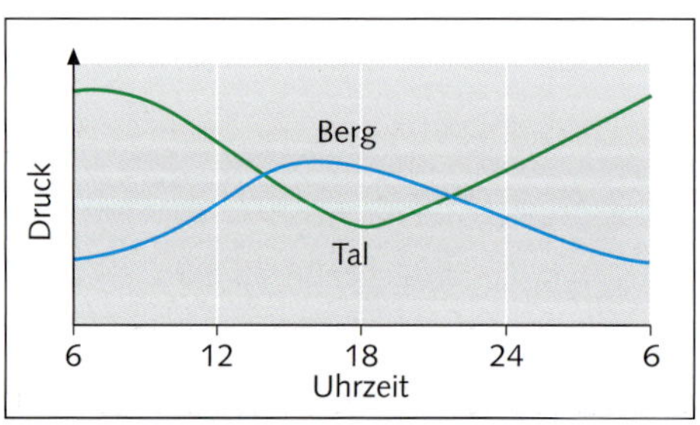

Das gegenläufige Verhalten des Luftdrucks auf einem Berg und im Tal: Die Amplitude beträgt bei ruhigem Hochdruckwetter bis zu 5 hPa.

Vertikalbewegung im Tiefdruckgebiet

Vor allem auf der Vorderseite des Tiefdruckgebietes herrscht Aufsteigen der Luft und damit insgesamt Hebung der Atmosphäre, der Auslöser für Wolken- und Niederschlagsbildung. Auf der Rückseite wird mit zunehmendem Zwischenhocheinfluss die Hebung schwächer, es wechseln sich kleinräumig Hebung und Absinken ab. Die Bodenreibung bewirkt ein langsa-

mes Einströmen der Luft in das Tief hinein, Konvergenz genannt. Das Ausströmen der Luft in der hohen Atmosphäre aus dem Tiefdruckgebiet heraus nennt man Divergenz.
Die Lage in der Höhenströmung und die Verlagerung eines Tiefdruckgebietes wurden bereits im Abschnitt »Höhenströmung und Vertikalbewegung« (siehe Seite 39) beschrieben.

Intensität

Einer der maßgeblichen Faktoren für eine kräftige Entwicklung eines Tiefdruckgebietes ist der Temperaturunterschied zwischen den beteiligten Warm- und Kaltluftmassen; große Differenzen bewirken einen stärkeren Druckabfall und damit Intensivierung des Tiefs.
Der zweite wichtige Faktor ist, wie zuvor beschrieben, die Lage des Tiefs gegenüber den Druckgebilden in der Höhe. Demnach entwickeln sich Tiefdruckgebiete deutlich stärker vorderseitig eines Höhentiefs bzw. eines Höhentroges. Je stärker die allgemeine Hebung in der Atmosphäre, desto kräftiger werden sich die Tiefs entwickeln können. Charakteristische Intensitäten für Tiefs sind jahreszeitlich unterschiedlich; sie betragen im Sommer:

- auf dem Festland: ca. 1 000 – 1 010 hPa
- auf dem Meer: ca. 980 – 990 hPa

Sie betragen im Winter:

- auf dem Festland: ca. 990 hPa
- auf dem Meer: ca. 960 hPa

Extreme Orkantiefs im Winter: ca. 930 hPa

Entstehungsgebiete

Nicht nur Vorgänge in der höheren Atmosphäre begünstigen die Entwicklung und Intensivierung der Tiefs am Boden. Auch orographische Hindernisse wie Inseln oder Gebirge beeinflussen das Wettergeschehen nicht nur lokal.
Für das Wettergeschehen im Alpenraum ist die Südspitze Grönlands von Bedeutung, da

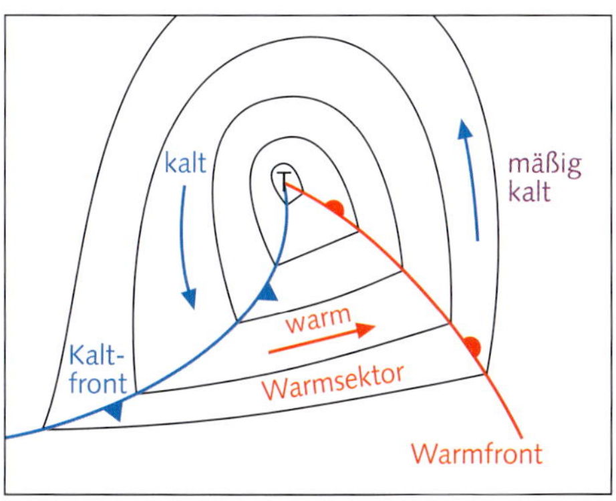

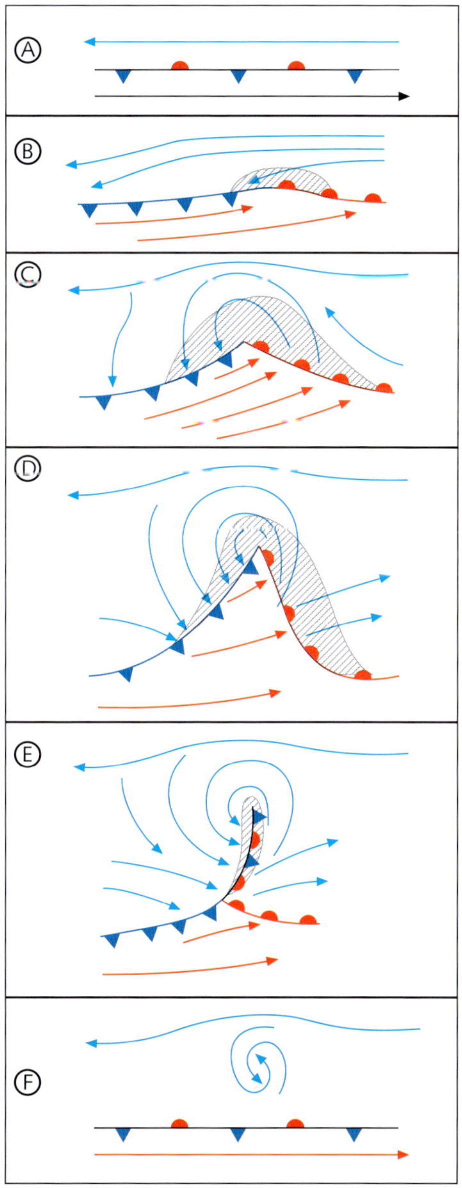

Links: Das Tief mit seinen Fronten und den beteiligten Luftmassen

Rechts: Entstehung und Auflösung eines Tiefdruckgebietes

sich dort vor allem bei Westwetterlagen an heranziehenden Fronten oft eigenständige Tiefs bilden. Sie werden zusätzlich intensiviert von rückseitig nach Süden ausfließender, sehr kalter Luft von der Labradorstraße; sie werden auf ihrem Weg nach Osten zum bekannten Islandtief und sind mit eine Ursache für dessen häufiges Auftreten.
Direkt für den Alpenraum bedeutsam sind Tiefdruckgebiete, die im Raum Oberitalien entstehen. Bei einer Überströmung der Alpen mit kalter Luft von Nordwesten und Norden bilden sich in Oberitalien fast immer Tiefdruckgebiete (Genuatief oder Adriatief).
In seltenen Fällen kann sich auch ein Hitzetief im Alpenraum bemerkbar machen: Starke Erwärmung der Luft über einem größeren Festlandsgebiet führt zu einer labilen Schichtung der Atmosphäre und bei ausreichender Luftfeuchte zu Wärmegewittern. Hitzetiefs bilden sich gelegentlich im Sommer über Spanien, sie können in eine südwestliche Strömung mit einbezogen werden und auch den Alpen eine zunehmende Neigung zu Gewittern bescheren.

Fronten des Tiefdruckgebietes

Vom Tiefkern gehen vorderseitig die Warmfront, rückseitig die Kaltfront aus, der Bereich der warmen Luft zwischen den beiden Fronten südlich des Tiefkernes wird als Warmsektor bezeichnet. Es sind also zwei unterschiedlich temperierte Luftmassen beteiligt, warme, aus den Subtropen stammende, und kalte aus polaren Breiten kommende Luft. Kalte Luftmassen sind aufgrund ihrer höheren Dichte schwerer, die warme und leichtere Luft weicht bei jedem Zusammentreffen nach oben aus. Ein Schnitt durch die Zone südlich eines Tiefkerns verdeutlicht die Abbildung unten rechts: An beiden Fronten führt vor allem die Hebung der warmen Luftmasse zur Bildung von Wolken und Niederschlag.

Warmfront

Die Abbildung unten rechts zeigt, dass die Warmfront eine sehr flache Neigung hat, in der Höhe trifft die Warmluft sehr weit vor der Warmfront am Boden ein. Der erste Vorbote aufgleitender Warmluft, die Cirrusbewölkung, kann bis zu 1 000 km vor der Warmfront und bis zu 600 km vor dem Nimbostratus, dem Niederschlagsbeginn zu sehen sein. Bei einer mittleren Zuggeschwindigkeit der Tiefdruckgebiete bedeutet dies eine Vorwarnzeit von einem halben bis zu einem ganzen Tag! Das Aufgleiten der Warmluft ist praktisch immer mit stabiler Schichtung verbunden, die Wolkenformen gehören deshalb alle zu den Schichtwolken, da auch Altocumulus oder Cirrocumulus sich horizontal ausbreiten.
Aufzug einer Warmfront und Abfolge der Wolken:
- Cirren verschiedener Struktur bei blauem Himmel und weitgehend ungestörtem Sonnenschein, aus Südwest bis Nordwest kommend, sichtbar schnell ziehend;
- Verdichten zu Cirrostratus, der allmählich nach unten wächst;

Links: Die vertikale Zirkulation in einem Tiefdruckgebiet: Unten strömt die Luft in das Tief hinein (Konvergenz), in der Höhe aus dem Tief heraus (Divergenz).

Rechts: Schnitt durch Warm- und Kaltfront

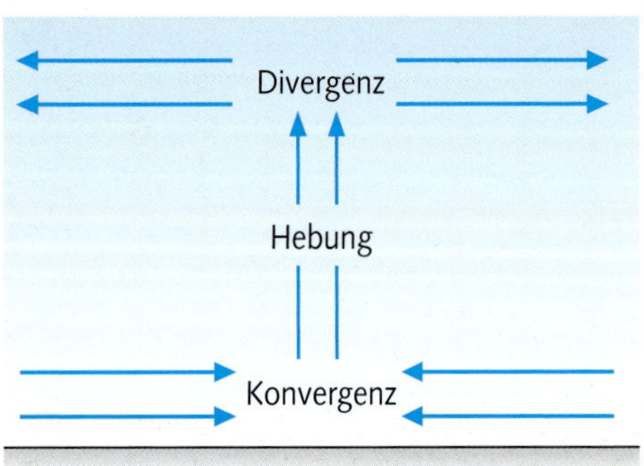

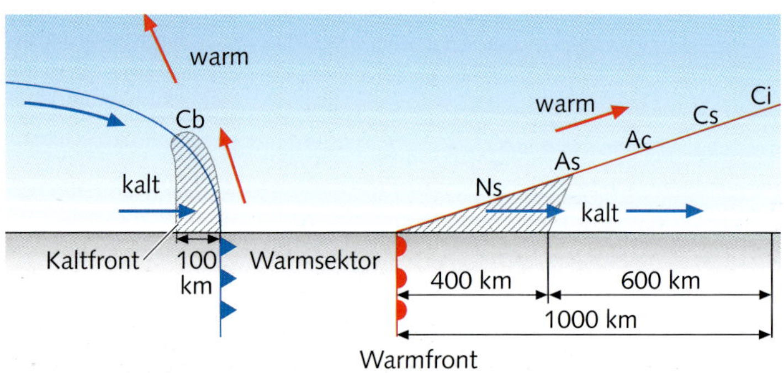

- bei tieferer Wolkenuntergrenze und im Bereich der Mischwolken Übergang zu Altostratus; anfangs ist oft noch der Standort der Sonne zu erkennen; später kann auf hohen Bergen bereits leichter Niederschlag einsetzen, die ersten Gipfel verschwinden allmählich in den Wolken;
- bei weiterem Nähern der Warmfront und Absinken der Untergrenze Übergang zu Nimbostratus bei beginnendem Niederschlag, oft mehrere Stunden gleichmäßig anhaltend. Gipfel mehr und mehr, später auch mittlere Hanglagen in Wolken gehend, nach längerem Niederschlag auch in den unteren Hanglagen Wolkenbildung durch Verdunsten des Niederschlags;
- nach Durchgang der Warmfront meist Ende des Niederschlags, häufig auflockernde Bewölkung im Warmsektor.

Zu diesem Ablauf gehört zumindest bei den hohen und mittelhohen Wolken eine schnelle, deutlich erkennbare Zuggeschwindigkeit der Wolken aus Richtung Südwest bis Nordwest. Cirren können nämlich genauso auch in Hochdruckgebieten auftreten, diese ziehen aber so langsam, dass ihre Verlagerung nicht auf den ersten Blick zu sehen ist. Die ersten erkennbaren Anzeichen einer Warmfront eilen dieser also weit voraus, meist zwölf Stunden oder mehr.

Die Wetterwirksamkeit der Warmfront ist jahreszeitlich unterschiedlich; im Sommer ist die Warmfront nur selten wetterwirksam, da die Luft über dem Festland bei einer Hochdruckwetterlage schon wärmer ist als die heranziehende atlantische Warmluft; es findet also kein Aufgleiten statt. Nur bei rascher Abfolge von Tiefs kann die warme Luft auf die zuvor eingeströmte Kaltluft aufgleiten.

Das Aufgleiten ist im Winter dagegen besonders intensiv, da auch bei Hochdrucklagen die Luft über dem Kontinent sich immer weiter abkühlt, die atlantische Warmluft dagegen deutlich wärmer ist. Zu dieser Jahreszeit bringt die Warmfront den Hauptniederschlag beim Durchzug des Tiefs aufgrund der langen Andauer des Niederschlags von bis zu zwölf Stunden. Er fällt jedoch manchmal bis in mittlere Lagen um 1 500 m als Regen.

Die Warmfront reicht häufig nahe an das benachbarte Hochdruckgebiet heran; hier ist die Wetterwirksamkeit meist beschränkt auf mehr oder weniger dichte Wolkenfelder.

Warmsektor

Im Warmsektor können unterschiedliche Wetterverhältnisse herrschen, wobei vor allem

Links: Zu Cirrostratus verdichtender Cirrus mit ersten Altostratusfeldern

Rechts: Cirrus einer aufziehenden Warmfront

die Entfernung zum Tiefkern maßgeblich ist. Nahe des Tiefzentrums gibt es bei reichlicher Bewölkung im Warmsektor auch noch Niederschlag, der Wind ist sehr stark. Mit zunehmendem Abstand zum Tiefkern (und damit Annäherung an das benachbarte Hoch) nehmen alle Erscheinungen immer mehr ab, die Bewölkung lockert auf, zeitweise kann die Sonne scheinen. Mit der Entwicklung des Tiefs wird der Warmsektor immer mehr eingeengt, da die nachfolgende Kaltfront schneller unterwegs ist als die Warmfront.

Kaltfront

Die Kaltfrontfläche ist deutlich steiler als die Warmfront, bei zunehmender Windgeschwindigkeit zur Höhe kann die Kaltluft dort sogar der Bodenfront etwas vorauseilen. Aufgrund der Schwere und größeren Dichte der Kaltluft muss die warme Luft schnell nach oben ausweichen, deshalb laufen alle Vorgänge intensiver ab als an der Warmfront. Starke Vertikalbewegungen der Warmluft führen im Sommer fast immer, sogar manchmal auch im Winter, zu Gewittern, vor allem, wenn die Front sich

Links: Zu Beginn lässt der Altostratus manchmal noch den Stand der Sonne ahnen.

Rechts: So sieht der Nimbostratus von innen aus!

Links: Aufziehende Altocumulusfelder, darüber Cirrus und Cirrocumulus

Rechts: Von rechts aufziehender Altocumulus und Altostratus; die immer weiter herabreichende Untergrenze entspricht der flachen Neigung der Warmfront.

rasch verlagert. Die höchsten kurzzeitigen Windgeschwindigkeiten im Bereich eines Tiefdruckgebietes (Spitzenböen) sind häufig an der Kaltfront zu erwarten; sie sind meist noch etwas stärker als im vorangehenden Warmsektor. Die Niederschlagsdauer ist dafür kürzer als an der Warmfront, da die Kaltfront eine vergleichsweise kleine horizontale Ausdehnung hat.
Im Vorfeld der Kaltfront ist es manchmal wolkenlos, in vielen Fällen ist nur geringe, im Gebirge eher stärkere Cumulusbewölkung zu sehen, auch infolge der ohnehin auftretenden Bewölkung im Tagesgang. Dabei stecken die höheren Gipfel oft schon in Wolken, die eigentliche Kaltfront ist kaum noch erkennbar. Bei geringer Bewölkung zuvor ist im Wolkenbild erst die Frontbewölkung selbst zu sehen, im Sommer eine manchmal zusammenhängende Kette von hoch aufgetürmten Cumuluswolken und Cumulonimben, den Gewitterwolken mit ihrem Amboss im Cirrusniveau. Die Kaltfronten verlagern sich sehr rasch, sie erreichen den Beobachter nach dem ersten Sichtbarwerden der typischen Wolken oft schon nach einer Stunde, was eine rechtzeitige Reaktion bei langen Rückwegen häufig unmöglich macht. Mit dem Durchzug der Front ist meist eine markante Drehung des Windes auf Nordwest oder sogar Nord verbunden.
Nach Durchzug der Kaltfront werden in kurzer Zeit erste Auflockerungen sichtbar, es kommt anfangs noch zu Regenschauern, im Frühjahr auch zu Graupe lschauern, die in Häufigkeit und Stärke bald nachlassen; diese Situation wird auch Rückseitenwetter genannt. Im weiteren Verlauf werden die Wolken immer kleiner, die Obergrenze immer niedriger bis hin zu den harmlosen Schönwettercumuli.
Schnell wandernde Kaltfronten entwickeln an ihrem vorderen Rand im Niveau der unteren Wolken eine um die horizontale Achse wirbelnde Wolke, die Böenwalze, die bei ihrem Eintreffen am Boden mit starken Sturmböen einhergeht.
Die Wetterwirksamkeit der Kaltfronten ist im Sommer meist sehr intensiv mit Gewitter, Sturm und starkem Regen (evtl. Hagel), vor allem im Gebirge kann ein empfindlicher Temperatursturz eintreten mit absinkender Schneefallgrenze und Vereisung. Selbst bis hinunter in Höhen von etwa 1 500 m ist Schneefall keine Seltenheit. Diese Fronten mit kräftigem Temperaturabfall im Sommer nennt man auch Wettersturz, weil fast alle für den Bergsteiger unangenehmen und gefährlichen Wetterereignisse gleichzeitig auftreten und noch dazu meist sehr schnell hereinbrechen. Im Winter ist nur eine schnell ziehende Kaltfront bei Sturmtiefs intensiv, sonst sind diese häufig wenig ausgeprägt. Die Niederschlagsdauer ist viel kürzer als bei der Warmfront, teilweise gibt es nur ein paar Schauer, die fast immer Schnee bis ins Flachland bringen.

Expertentipp

Dreht der Wind mit Frontdurchgang auf Nord oder Nordwest, kann sich an den Kaltfrontniederschlag unmittelbar der Stauniederschlag am Nordrand der Alpen anschließen. Beide Ereignisse kann man natürlich nicht auseinander halten, es scheint, als dauere der Niederschlag an der Front so lange an.

Auswirkungen der Alpen

Die Alpen haben auf die Intensität der Fronten erheblichen Einfluss, wenn der Hauptkamm nahezu senkrecht überströmt und überquert

Heranziehende Kaltfront ohne Gewitter, nur mit Schauerbildung

Links: Kaltfront mit Gewitter, davor klarer Himmel; deutlich zu sehen die Cumulonimbuswolken über den Bergen

Rechts: Kaltfront mit Gewittern, davor nur wenige kleinere Haufenwolken

Links: Schwach ausgeprägte Kaltfront, durch den wenig intensiven Niederschlag ist der Hintergrund zu sehen.

Rechts: Böenwalze an der Kaltfront, der beginnende Niederschlag ist an dem Verschwinden der Konturen am rechten Bildrand zu sehen.

Zumindest die höheren Berge können schon vor der Kaltfront in Wolken gehüllt sein und die Sicht auf das nahende Schlechtwetter verhindern.

wird. Bei Warmfronten gibt es im sonst geschlossenen Wolkenbild bei südwestlicher oder südlicher Strömung der Tiefvorderseite unvermutete Auflockerungen, die teilweise mit Föhn verbunden sind. Auf der Stauseite der Alpen setzt der Niederschlag dafür umso früher und verstärkt ein.

Überquert eine Kaltfront die Alpen von Süd nach Nord, sinkt die schwere Kaltluft unmittelbar hinter der Kammlinie ab; das für die Wirksamkeit der Front notwendige Aufsteigen der Luft kehrt sich um. Die Wetterwirksamkeit wird schnell abgeschwächt, der Niederschlag lässt rasch nach oder hört ganz auf. Trifft die Kaltfront aber beim Weiterziehen wieder auf ein höheres Gebirge und wird dort zum Aufsteigen gezwungen, aktiviert sich die Front schnell wieder, es entstehen erneut Gewitter und Regen. Dieser Ablauf ist oft bei der Verlagerung einer Kaltfront über die Stubaier oder Zillertaler Alpen hinweg zu den Dolomiten zu beobachten.

Maskierte Kaltfront

Im Winter kann es zu einer besonderen Konstellation kommen: In einem breiten Warmsektor kann beispielsweise in einer Nacht mit wenig Bewölkung die Temperatur durch Ausstrahlung so weit absinken, dass bodennah sehr kalte Luft entsteht. Die nachfolgende über den Nordatlantik heranziehende Kaltfront kann jedoch eine höhere Temperatur haben als die stark abgekühlte Luft auf dem Festland; stärkerer Wind an der Front führt zu einer Durchmischung, die kalte bodennahe Luft wird weggeräumt, die Temperatur steigt mit dem Eintreffen der Kaltfront an.

Okklusion

Das schnellere Vorankommen der Kaltfront gegenüber der Warmfront führt zu einem stetigen Verkleinern des Warmsektors. Beginnend während des Reifestadiums eines Tiefdruckgebietes nahe dem Tiefkern holt schließlich die kalte Luft die Warmfront ein, die warme Luft ist noch vorhanden, aber vom Boden abgehoben.

Der Punkt, an dem die beiden Fronten sich verschmelzen, heißt Okklusionspunkt. Mit der Alterung des Tiefs entfernt er sich immer weiter vom Tiefzentrum. Da gleichzeitig das Tiefdruckgebiet immer langsamer wandert, die Zirkulation um das Tief herum aber noch weitergeht, windet sich die Okklusion allmählich um den Tiefkern herum, oft besonders schön auf Satellitenbildern zu sehen.

Prinzipiell werden die Temperaturdifferenzen am Boden kleiner, wenn die rückseitige Kaltluft auf die Kaltluft der Tiefvorderseite trifft und damit die warme Luft am Boden verschwindet.

Kleine Unterschiede der Temperatur bewirken dann ein unterschiedliches Verhalten der Okklusion. Sie gleicht einer Kaltfront, wenn die Rückseitenkaltluft diejenige mit der niedrigeren Temperatur ist, und einer Warmfront, wenn sie wärmer ist als die vorauslaufende kalte Luft, wie in der Abbildung auf Seite 53 links unten dargestellt.

Ausgeprägte Böenwalze an der Front der kalten Luft, genau in Höhe des Fotografen

Idealer Wetterablauf bei Durchzug eines Tiefs

In der Abbildung auf Seite 53 rechts sind drei Schnitte quer durch ein Tiefdruckgebiet gezeichnet, auf deren Linie die Abfolge der beobachtbaren und spürbaren Messgrößen in einem idealisierten Ablauf dargestellt wird, jeweils von rechts nach links zu sehen. Dabei werden die einzelnen meteorologischen Parameter zur besseren Übersicht einzeln abgehandelt.

Ablauf in der kalten Jahreszeit

Schnitt A bis B: Auf dieser Linie entwickeln das Tiefdruckgebiet und seine Fronten die volle Wirkung.

Bewölkung

Die Abfolge der Wolken beginnt mit Annähern der Warmfront entsprechend der obigen Beschreibung im Cirrusniveau; zunächst vereinzelte dünne Schleierwolken nehmen an Menge und Dichte zu und bilden Cirrostratus. Mit zunehmender Mächtigkeit der aufgleitenden Warmluft sinkt die Untergrenze der Wolken fortlaufend ab, es folgen schichtförmige Wolken im mittleren (Altostratus-)Niveau, die Gipfel verschwinden zunehmend in Wolken. Schließlich kommt im tiefen Wolkenstockwerk der Nimbostratus, der dann auch die Hanglagen bis weit hinunter einhüllt. Nach Durchgang der Warmfront im Warmsektor herrscht teils starke Bewölkung in Form von Stratocumulus und Altostratus, teils auch aufgelockerte Bewölkung. Mit der Kaltfront nähern sich hochreichende Cumuluswolken, selten auch Cumulonimbus, hinter der Kaltfront wechselt die Bewölkung rasch zwischen vielen Haufenwolken und kleineren Cumuluswolken mit Sonnenschein dazwischen. Menge und Höhe der Wolken nehmen mit zunehmendem Hochdruckeinfluss und verstärktem Absinken ständig ab. Ausnahme: Übergang zu einer Stauwetterlage!

Niederschlag

Der Regen, oft erst ab mittleren Höhenlagen Schneefall, beginnt in der aufgleitenden Warmluft bereits weit vor dem Eintreffen der Warmfront; aufgrund des ausgedehnten Niederschlagsfeldes hält er länger an. Mit der Warmfront hört der Niederschlag in der Regel auf, im Warmsektor gibt es nur gelegentlich leichten Regen oder Sprühregen. An der Kaltfront setzt oft kurz dauernder, dafür starker Regen ein, im Winter fast immer in Schnee übergehend. Hinter der Kaltfront kommt das Rückseitenwetter mit zuerst häufigen Schauern, die selbst im April im Tal noch oft als Schnee und/oder Graupelschauer herunterkommen.

Luftdruck

Spätestens mit dem Sichtbarwerden der ersten Cirren der Warmfront beginnt der Luftdruck

Links: Durch schwachen Föhn bleiben von der Warmfront nur einzelne Wolkenfelder, hier Altostratus, übrig; der Föhn greift nicht in die Täler durch, erkennbar an der stabilen Inversionsschichtung mit Bodennebel und Dunst.

Rechts: Die Kaltfront verliert nach dem Überqueren des Hauptkammes durch Absinken ihre Energie und wird stark abgeschwächt.

stetig, manchmal kräftig zu fallen, mit dem Eintreffen der Warmfront hört der Druckfall weitgehend auf.
Auf den Bergen ist der Druckfall schwächer als im Tal, da die Erwärmung in der Höhe eigentlich einen Druckanstieg bewirkt. Der Druck kann dabei innerhalb von 3 Stunden um 5 hPa oder auch mehr zurückgehen. Im Warmsektor fällt der Luftdruck nur mehr langsam oder bleibt gleich, mit Durchzug der Kaltfront setzt ein rascher, dann im Verlauf langsamer werdender Anstieg ein. Auf den Bergen ist der Druckanstieg schwächer, da die kräftige Abkühlung in der Höhe normalerweise Druckfall bewirkt.

Temperatur
Sie steigt in der Höhe stetig an, am Boden kann sich vor allem in den windgeschützten Alpentälern die Kaltluft sehr zäh halten (Inversion); dadurch ist, solange in Bodennähe Frost herrscht, auch Glatteisregen möglich. Hinter der Warmfront bleibt die Temperatur gleich oder steigt weiter langsam an, mit der Kaltfront kommt es zu einem starken Abfall, danach geht die Temperatur noch weiter, aber langsamer zurück.

Feuchte
Die Feuchte nimmt mit der heranziehenden Bewölkung der Warmfront stetig zu, nach Durchzug der Warmfront bleibt eine hohe Feuchte bestehen mit geringen Schwankungen. In der Kaltfront ist die Feuchte im Bereich des Niederschlags natürlich hoch, danach geht sie deutlich zurück, mit starken Schwankungen zwischen Schauern und sonnigen Abschnitten.

Wind im Gipfelniveau
Die Windgeschwindigkeit nimmt mit Annähern der Warmfront allgemein, besonders aber mit der Höhe zu, die Richtung ist Südwest bis Süd. Mit dem Eintreffen der Warmfront dreht der Wind auf West zurück, bleibt aber stark oder stürmisch. Der stärkste Wind mit Sturm- oder Orkanböen geht mit dem Eintreffen der Kaltfront einher, die Richtung ändert sich schlagartig auf Nordwest bis Nord. Danach ist die Windgeschwindigkeit im Mittel abnehmend, in Schauern aber noch stark.

Höhenwind
Auf der Vorderseite des herannahenden Höhentroges kommt der Wind aus Südwest oder West, die Windgeschwindigkeit ist groß und kann am schnellen Zug der Cirruswolken der Warmfront abgelesen werden. Erst eine Zeit nach der Kaltfront dreht der Höhenwind mit Durchschwenken des Höhentroges auf West und Nordwest bei nur langsam nachlassender Windgeschwindigkeit.

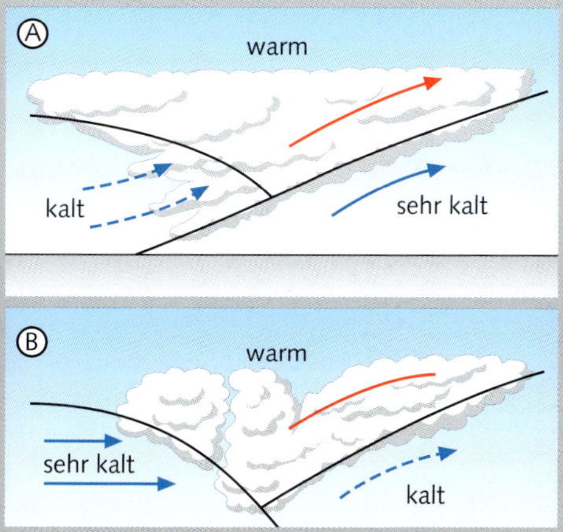

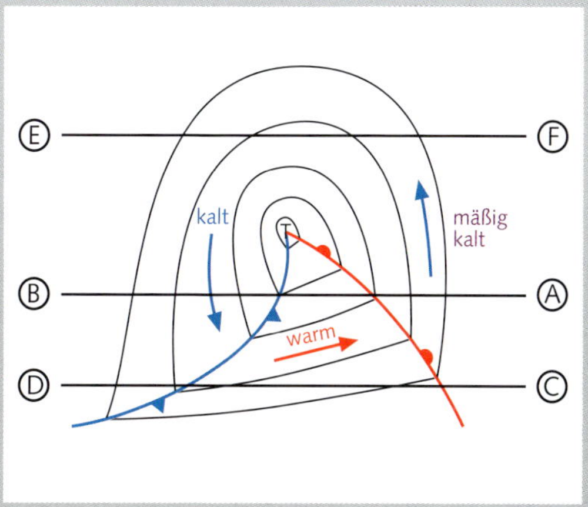

Links oben: Warmfront-Okklusion: Die weniger kalte Luft gleitet auf die sehr kalte auf (A).

Links unten: Kaltfront-Okklusion: Sehr kalte Luft schiebt sich unter die weniger kalte (B).

Rechts: Schnitte durch ein Tief zur Erläuterung der Wetterabläufe

Schnitt C bis D: Auf dieser Linie wird das Tief insgesamt nur abgeschwächt wirksam, der Hochdruckeinfluss von Süden ist stärker.

Bewölkung

Mit dem Wolkenaufzug der Warmfront tauchen häufig nur Schleierwolken oder mittelhohe Wolken auf. Im Warmsektor bleibt es überwiegend sonnig, an der Kaltfront entstehen Haufenwolken von meist nur geringer Mächtigkeit, die Neigung zu Schauern bleibt klein.

Niederschlag

Aus einem manchmal dichten Altostratus kann es geringen Niederschlag geben, an der Kaltfront sind einzelne Schauer möglich.

Luftdruck

Vor der Warmfront ist der Luftdruck stetig leicht fallend. Im Warmsektor ändert sich der Luftdruck kaum, mit Durchzug der Kaltfront steigt er zuerst schneller, dann langsam bei relativ geringen Druckdifferenzen.

Temperatur

Vor allem in der Höhe wird es wärmer, nach Durchzug der Warmfront ändert sich die Temperatur zunächst kaum, erst mit der Kaltfront sinkt sie wieder ab. Das Temperaturniveau ist allgemein höher als bei Schnitt A bis B, die Änderungen sind geringer.

Feuchte

Mit dem Annähern der Warmfront nimmt die Feuchte zu, im Warmsektor ist sie wieder geringer durch überwiegendes Absinken infolge des nahen Hochdruckeinflusses. Mit Durchgang der Kaltfront steigt sie vorübergehend an, in der rückseitigen Kaltluft bleibt sie vor allem im ausgehenden Winter und im Frühjahr oft ziemlich niedrig.

Wind im Gipfelniveau

Wie beim Schnitt A bis B herrscht zunächst etwas zunehmender Wind aus West bis Südwest, der mit der durchziehenden Warmfront auf West dreht. Im Warmsektor wird er stärker, die heftigsten Böen kommen mit der Kaltfront, danach wird er rasch abflauen.

Höhenwind

Die Änderung der Richtung entspricht dem beim Schnitt A bis B dargestellten Ablauf, die Windgeschwindigkeit ist aber niedriger, die Wolken im mittleren und oberen Stockwerk ziehen nicht so rasch.

Schnitt E bis F: Das Tief zieht südlich vom Beobachter durch, eine im Alpenraum typische Erscheinung des Hochwinters bei südlichem Verlauf der Polarfront.

Bewölkung

Von Westen oder Südwesten her erscheinen die für einen Warmfrontaufzug typischen Wolken: zunächst Cirren, dann mittelhohe Wolken bis hin zum Nimbostratus mit Regen, nach Ende des Niederschlags oft rascher Bewölkungsrückgang.

Niederschlag

Der Niederschlag fällt auch in der Niederung fast immer als Schnee, da in der unteren Atmosphäre die Kaltluft bestimmend bleibt. In der Nähe der Warmfront ist auch vorübergehend Regen möglich.

Luftdruck

Der Luftdruck wird zunächst wie bei einer herannahenden Warmfront stetig fallen, vor dem Ende des Niederschlags mit dem Durchzug des nahen Tiefzentrums aber wieder beginnen langsam anzusteigen.

Temperatur

In Bodennähe wird nur vorübergehend eine geringe Temperaturerhöhung eintreten, da die Kaltluft nicht verdrängt wird. In der Höhe stellt sich eine nur kurze stärkere Erwärmung ein.

Feuchte

Sie nimmt mit Herannahen des Tiefdruckgebietes stetig zu, nach dem Ende des Niederschlags geht sie insgesamt schnell zurück, wechselt aber entsprechend der Schauertätigkeit.

Wind im Gipfelniveau
Mit der Annäherung des Tiefs kommt stärkerer Wind aus Südost auf, während der Niederschlagsphase dreht er auf Ost zurück; er bleibt häufig stark und auf den Bergen stürmisch. Mit dem Ende des Niederschlags und dem Durchzug des Tiefs kommt er aus Nord, lässt allmählich nach und ist nur noch in Schauern böig.

Ablauf in der warmen Jahreszeit

Meist sind nur Abläufe entsprechend Schnitt A bis B und C bis D möglich, mit Ausnahme des Auftretens eines Genua- oder Adriatiefs. Dabei gibt es zwei Möglichkeiten:
Vor einem ersten Tief herrschte mehrtägiger Hochdruck mit warmer Witterung: Die Warmfront ist entweder nicht ausgeprägt oder gar nicht vorhanden.
Bei der Abfolge mehrerer Tiefs bei insgesamt kühler Witterung in einer Westwetterlage ist die Abfolge aller Wettererscheinungen wie in der kalten Jahreszeit, natürlich ohne Schnee oder Graupel.
Für die sommerlichen Tiefs und deren Wirksamkeit ist damit vor allem das Verhalten der Kaltfront entscheidend; die Beschreibung des Wetterablaufs beschränkt sich deshalb auch darauf.

Schnitt A bis B: massive Kaltfront, »Wettersturz«

Bewölkung
Die Kaltfront tritt im Sommer fast immer als Gewitterfront auf mit aneinander gereihten Cumulonimbus-Türmen; aus größerer Entfernung sind als Erstes meist nur die Ambosswolken der Gewitter zu sehen. Auch unmittelbar vor der Front herrscht häufig geringe Bewölkung, in den Bergen werden allerdings die ohnehin im Tagesgang aufquellenden Cumuli häufiger und können die höheren Gipfel einhüllen. Nach Durchzug der Front werden die Berge noch einige Zeit vom Nimbostratus eingehüllt, später sind Haufenwolken am Himmel zu sehen. Es gibt anfangs häufige, mit der Zeit nachlassende Schauer und zunehmend kleinere Haufenwolken, bei zunehmendem Hochdruckeinfluss später harmlose Cumuli.

Niederschlag
Mit den Kaltfrontgewittern geht Starkregen einher, dabei ist auch Hagel möglich. Nach dem Durchzug der Gewitter gibt es noch einige Zeit Regen mit teilweise weit absinkender Schneefallgrenze. Selbst im Hochsommer kann sie bei 1 500 m liegen und darüber beträchtliche Neuschneemengen bringen, vor allem bei einer nachfolgenden Stauwetterlage.

Luftdruck
Vor der Kaltfront sollte der Luftdruck stetig fallen, bei vorheriger beständiger Hochdrucklage oft über Tage hinweg. Unmittelbar vor der Front kann er kurzzeitig stärker fallen, aber insgesamt nur zwischen 1 und maximal 3 hPa in drei Stunden. Danach setzt ein zunächst rascher, dann langsamer Anstieg ein.

Temperatur
Entsprechend der Bezeichnung Wettersturz findet mit dem Durchzug der Kaltfront ein Temperatursturz statt, der mindestens 10 K, teilweise auch 15 K oder mehr betragen kann. In der rückseitigen Kaltluft wird die Temperatur noch einige Zeit weiter fallen.

Feuchte
Erst kurz vor der Front, oft erst mit Beginn des Niederschlags, wird die Feuchte schnell ansteigen, nach Beendigung des Frontniederschlags nimmt sie aber rasch wieder ab. Mit dem Auftreten von Schauern in der Rückseite der Front bleibt sie stark schwankend.

Wind im Gipfelniveau
Bis kurz vor der Front bleibt der Wind schwach und kommt dabei meist aus südlicher bis südwestlicher Richtung, mit Durchgang der Kaltfront und den begleitenden Gewittern kommt es zu stürmischen Böen. Danach wird der

Wind zwar schnell wieder schwächer, bleibt aber teilweise noch stark und böig in den Schauern der Rückseite.

Höhenwind
Er bleibt, wie überhaupt im Sommer, relativ schwach, kommt aber wie zu erwarten aus Süd bis Südwest. Hinter der Front dreht er allmählich auf Nordwest zurück.

Schnitt C bis D: Auf dieser Linie wird das Tief nur abgeschwächt wirksam, die Alpen sind relativ weit vom Kern des Tiefdruckgebietes entfernt, der Hochdruckeinfluss überwiegt. Betrachtet wird auch hier nur eine schwache Kaltfront.

Bewölkung
Vor der Kaltfront treten nur wenige Wolken auf, mit Durchzug der Front Cumulusbewölkung mittlerer Höhenentwicklung; im Gebirge entwickeln sich vereinzelt Cumulonimbuswolken. In der rückseitigen Kaltluft treten meist nur noch flache Cumulus- oder Stratocumuluswolken auf.

Niederschlag
Mit dem Durchzug der Kaltfront gibt es Schauer oder auch kurzen Regen, die vereinzelten Gewitter sind meist nicht kräftig entwickelt und nur von kurzer Dauer. Nach Durchzug der Front gibt es kaum noch Schauer.

Luftdruck
Bei insgesamt geringen Druckdifferenzen fällt vor der Kaltfront der Druck etwas, bei weiter abschwächenden Fronten kann er auch gleich bleiben. Danach setzt ein Anstieg des Druckes ein.

Temperatur
Mit Durchgang der Kaltfront sinkt die Temperatur ebenfalls ab, aber mit deutlich kleineren Differenzen gegenüber der warmen Luft zuvor. Es gibt zwar keinen Temperatursturz, im Zusammenhang mit den übrigen Parametern fühlt der Bergsteiger trotzdem eine deutliche Abkühlung; auch die schwachen Kaltfronten sind nicht zu unterschätzen!

Feuchte
Mit dem Durchzug der Kaltfront steigt die relative Feuchte vor allem im Niederschlag an. In der rückseitigen Kaltluft bei guter Durchmischung nimmt sie häufig sehr geringe Werte an.

Wind im Gipfelniveau
Bis kurz vor der Front bleibt der Wind schwach und kommt dabei meist aus südlicher bis südwestlicher Richtung. Mit Durchgang der Kaltfront frischt der Wind auf, in den begleitenden Gewittern kann es auch zu stürmischen Böen kommen. Danach wird der Wind aber schnell wieder schwächer bis zu mäßiger Intensität, allenfalls in den einzelnen Schauern der Rückseite wird er nochmals böig.

Höhenwind
Der Höhenwind bleibt, wie überhaupt im Sommer, relativ schwach, die Richtungsänderungen sind auch wenig ausgeprägt. Zunächst kommt der Wind wie zu erwarten aus Südwest, hinter der Front dreht er allmählich auf Nordwest zurück.

Hochdruckgebiet

So wie man bei den Tiefdruckgebieten zwischen einem großräumigen, steuernden Tief der Langen Wellen und den kurzen Wellen, dem kleineren Bodentief, unterscheidet, gibt es zwei Arten von Hochdruckgebieten: das Zwischenhoch und das stabile Hoch.

Zwischenhoch

Es trennt zwei hintereinander ziehende Tiefs, liegt also rückseitig des ersten Tiefs in der Kaltluft und ist damit ein kaltes Hoch. Das Zwischenhoch ist in der Höhe kaum erkennbar, allenfalls als eng begrenzter, flacher Hochdruckrücken. Es hat am Boden höchstens eine abgeschlossene Isobare, bildet meist aber nur einen Keil im Bild der Isobaren; das Zwischenhoch wandert wie ein kleineres Tief rasch mit der Höhenströmung.

Stabiles Hoch

Es liegt knapp auf der Vorderseite eines Höhenrückens der Langen Welle. Das stabile Hoch ist in der Höhe immer warm infolge der Erwärmung durch das Absinken, im Winter ist es am Boden stets kalt. Im Zentrum hat es weit auseinander liegende Isobaren, d. h., dort ist es sehr windschwach, höhere Windgeschwindigkeiten können am Rand des Hochs vorkommen (Beispiel: kalte und starke Ostwinde an der Südseite eines winterlichen Hochs über Osteuropa). Der Wind weht immer im Uhrzeigersinn um das Hoch mit einer Komponente vom Kern des Hochs weg.
Das Absinken in der Höhe führt in den Tallagen im Sommer nur nachts, im Herbst und Winter dauerhaft zu einer stabilen Schichtung (Inversion am Boden). Da der großräumige Wind gleichzeitig schwach ist, ist das Hoch eine »austauscharme Wetterlage«.

Vertikalbewegung im Hochdruckgebiet

Im Zentrum des Hochs herrscht Absinken der Luftmassen; es bewirkt über die dabei eintretende adiabatische Erwärmung einen Rückgang der Feuchte, es gibt kaum Wolken und es bleibt niederschlagsfrei. Diese absinkende Luft wird ersetzt durch ein Einströmen aus der Umgebung in den oberen Luftschichten (Konvergenz). Am Boden strömt die Luft aus dem Hoch heraus, hier herrscht also Divergenz. Gleichzeitig ist die Stärke des Absinkens im Sommer entscheidend für die Entwicklung von Quellwolken bis hin zu Cumulonimbus-Wolken. Bei einer sich langsam abschwächenden Hochdrucklage können vor allem im Bergland nachmittags und abends Wärmegewitter entstehen.

Intensität

Die Intensität eines stabilen Hochdruckgebietes hängt von der Stärke des zugehörigen Höhenhochs bzw. Höhenrückens ab, dieser wiederum von der Menge und Temperatur der auf der Vorderseite des westlich liegenden Höhentroges durch Tiefdruckgebiete nach Norden oder Nordosten transportierten Warmluft (oft gebrauchte Beschreibung im Wetterbericht: Warmlufttransport im Westen stützt blockierendes Hoch).
Ein Hoch ist demnach sozusagen das »Abfallprodukt« eines Tiefs! Je stärker sich ein Tiefdruckgebiet entwickelt, desto kräftiger bildet sich das stromabwärts – also im Osten oder Nordosten – gelegene Hochdruckgebiet aus.
Charakteristische Werte für die Stärke des Hochs sind von der Jahreszeit abhängig, sie betragen im Sommer: ca. 1 020 bis 1 030 hPa, im Winter: ca. 1 030 bis 1 045 hPa.
Für Mitteleuropa kann in Extremfällen ein Wert von 1 055 hPa auftreten, in Sibirien können es bei den dort herrschenden sehr tiefen Temperaturen bis zu 1 080 hPa sein. Zwischenhochs weisen einen wesentlich geringeren absoluten Druck auf. Er ist aber relativ zur Umgebung – den beiden benachbarten Tiefdruckgebieten – gerechnet doch höher.

Links: Unterscheidung stabiles Hoch – Zwischenhoch: Das stabile Hoch ist an einen ausgeprägten Höhenrücken gebunden und verlagert sich wenig. Das Zwischenhoch liegt in der kräftigen Höhenströmung und wandert wie ein Tief rasch in der entsprechenden Richtung.

Rechts: Zirkulation in einem Hochdruckgebiet

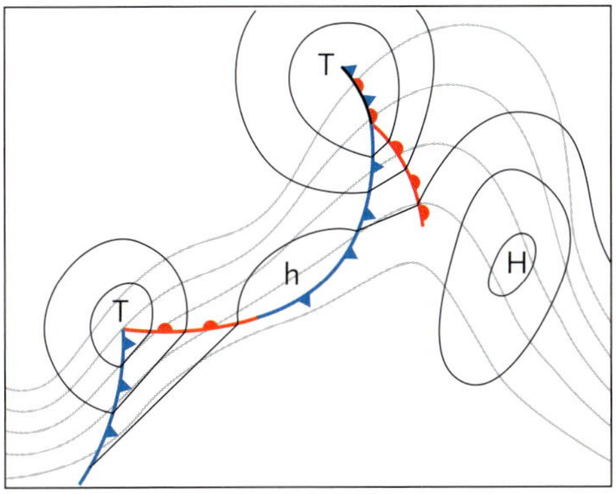

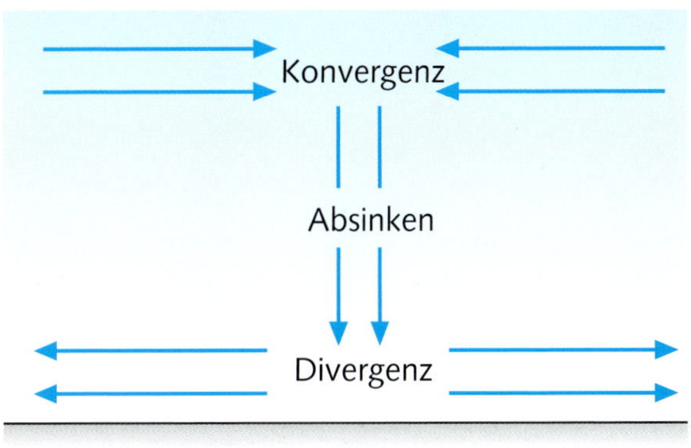

Großwetterlagen und regionale Unterschiede

Grundsätzlich laufen die Wettererscheinungen bei allen folgenden, für die Alpen wichtigen Großwetterlagentypen so ab wie im Abschnitt »Tiefdruckgebiet« (ab Seite 44) dargestellt; zugrunde gelegt sind jeweils die Vorgänge entlang dem Schnitt A bis B mit der stärksten Entwicklung. Abweichungen von diesen Abläufen entstehen durch die unterschiedliche Zugrichtung der Tiefdruckgebiete, vor allem jedoch durch den Einfluss der Alpenbarriere auf alle Vorgänge in der unteren Atmosphäre. Entsprechend den unterschiedlichen Ausprägungen des Wetters in den jeweiligen Regionen der Alpen, werden die Abläufe zu jeder Großwetterlage dargestellt.

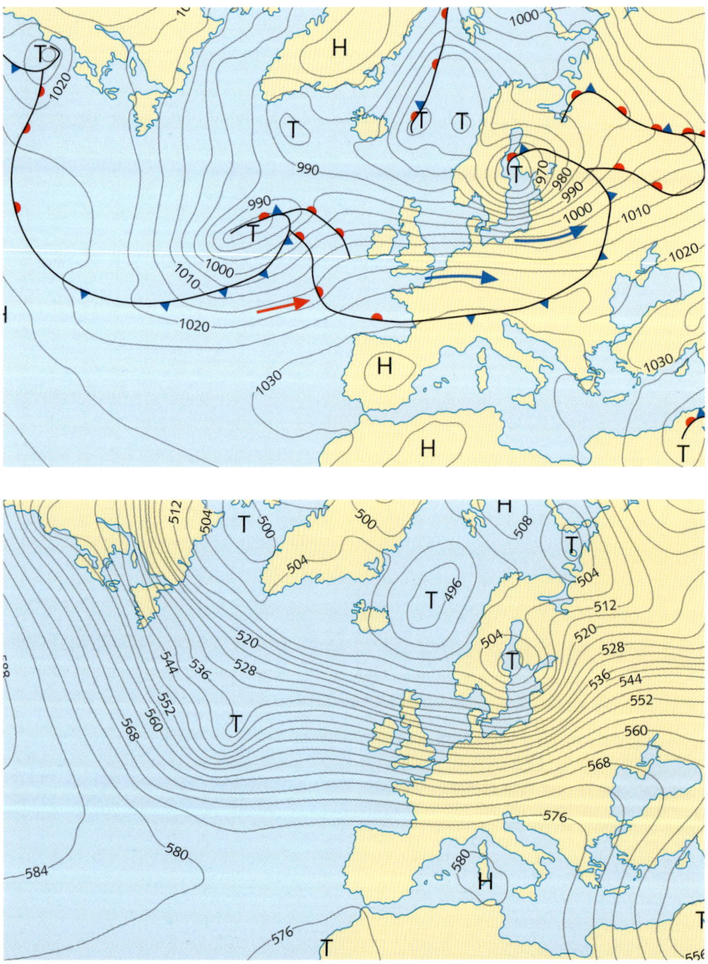

Oben die Bodenwetter und unten die Höhenkarte vom 9. 1. 2005: Westwetterlage

West- oder Südwestlage

West- und Südwestlagen treten im Alpenraum am häufigsten auf, vor allem im Winterhalbjahr oft verbunden mit hohen Windgeschwindigkeiten. Sie haben ihren Namen von der Höhenströmung aus diesen Richtungen.

Druckverteilung

Im gesamten Mittelmeerraum herrscht bei diesen Wetterlagen Hochdruckeinfluss, bei Südwestlagen in Spanien und dem westlichen Mittelmeer auch schon tiefer Luftdruck. Über Skandinavien und dem nördlichen Atlantik ziehen Tiefs rasch ost- und nordostwärts, die Polarfront liegt über Mittel- und Nordeuropa.

Regionale Unterschiede

Ablauf in den Nordalpen

In der südwestlichen Strömung vor der Warmfront gibt es häufige, aber nur kurzzeitig föhnige Erscheinungen mit der Auflösung niedriger Wolken und Auflockerung der hohen Wolken. Der Niederschlag ist nicht so stark, manchmal bleibt es weitgehend trocken bis zur Warmfront. In der rein westlichen Strömung gibt es diese Föhnerscheinungen seltener, der Niederschlag ist stärker und manchmal anhaltend; im Warmsektor fällt zeitweise Regen und in höheren Lagen Schnee. Mit der Kaltfront sinkt die Schneefallgrenze ab, durch Stauwirkung im Nordwestwind gibt es auch längeren Niederschlag, im Winter vor allem in höheren Lagen, im Sommer allgemein ergiebig. Meist beschränkt sich der starke Niederschlag auf die nördlichen Kalkalpen; das Inntal und die Zentralalpen sind wetterbegünstigt. In vielen Fällen endet der Niederschlag oder die starke Bewölkung am Alpennordrand erst, wenn bereits das Zwischenhoch durchgezogen ist und der Druck bereits wieder fällt, also der Wind schon wieder auf südwestliche Richtung dreht.

Ablauf in den Südalpen

In der Südwestströmung herrscht hier Stau mit oft ergiebigen Niederschlägen, allerdings bei zuerst hoher Schneefallgrenze. Mit starkem Niederschlag kühlt die Luft durch den schmelzenden Schnee mehr und mehr ab, die Schneefallgrenze sinkt allmählich. Bei rein westlicher Strömung ist der Niederschlag tendenziell eher schwächer. Der Übergang auf Nordwestwind hinter der Kaltfront führt zu rascher Wetterbesserung bis hin zum dabei häufigen Nordföhn.

Ablauf in den Westalpen

Sowohl mit dem Südwest- als auch dem Westwind kommt es zu Stau an den Westalpen, im Winter gibt es oft große Neuschneemengen in den Hochlagen mit erheblicher Lawinengefahr.

Südföhn (Stau auf der Alpensüdseite)

Die Höhenströmung kommt bei dieser Großwetterlage aus Südwest bis Süd, seltener aus Südost. Im Unterschied zum kurzzeitigen Föhn auf der Tiefvorderseite (siehe Westlage Seite 60) kann der Föhn bei gleich bleibender Höhenströmung mehrere Tage anhalten. Der Südföhn ist eine Wetterlage, die fast nur im Winterhalbjahr auftritt. Im Sommerhalbjahr sind die Tiefdruckgebiete schwächer und die Windgeschwindigkeit des Südwindes zu niedrig; es kann sich kein intensiver Föhn ausbilden. Begünstigt bleibt die Alpennordseite dennoch, da im Lee eines Gebirges auch bei schwächerem Wind die Tendenz zu Wolkenauflösung vorhanden ist.
Föhn kann an allen Gebirgen entstehen. Er ist am stärksten bei einer Anströmung quer zum Kamm des Gebirges. Im Luv der Berge (Staugebiet) wird die Luft zum Aufsteigen gezwungen; sie kühlt sich zunächst trockenadiabatisch um jeweils 1 K pro 100 m Aufstieg ab.

Oben: Erwärmung und Austrocknung der Luft in einer Föhnströmung

Mitte und unten: Föhnwetterlage vom 2. 12. 2003

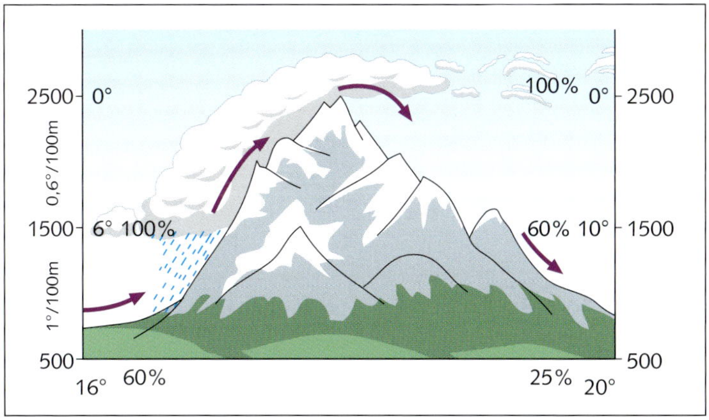

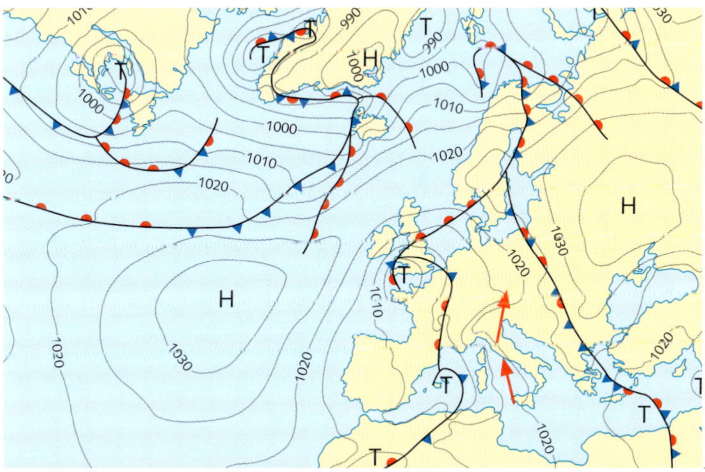

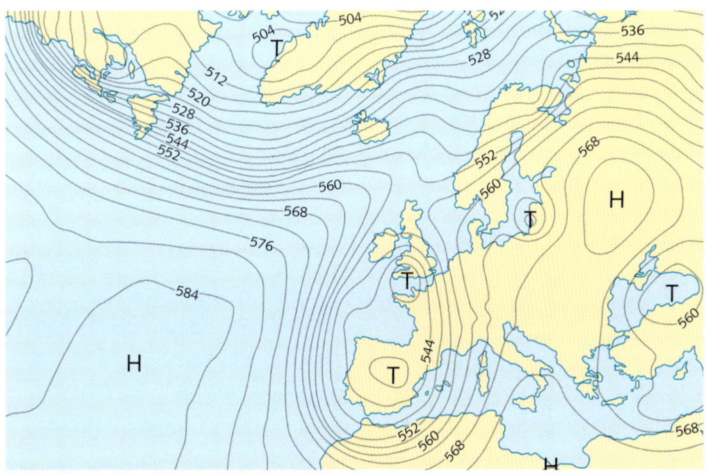

Nach Erreichen des Taupunktes und damit des Kondensationsniveaus kondensiert die Feuchte in den unteren oder mittleren Hanglagen zu Wolken, bei weiterem feuchtadiabatischem Aufsteigen zu Niederschlag. Da bei der Kondensation Wärme frei wird, die gleiche Wärme, die zuvor zur Verdunstung des Wassers benötigt wurde, kühlt sich die Luft nur um ca. 0,6 K pro 100 m Aufstieg ab. Beim Absinken im Lee (Föhngebiet) des Gebirges erwärmt sich die Luft um 1 K pro 100 m Abstieg. Aufgrund der enthaltenen Kondensationswärme kommt die Luft also viel wärmer an als sie in vergleichbarer Höhe im Luv der Berge war. Gleichzeitig geht die Relative Feuchte auf sehr niedrige Werte zurück und kann in den Tallagen manchmal auf unter 20 % absinken.

Druckverteilung

Eine südliche Strömung entsteht, wenn östlich der Alpen ein Hochdruckgebiet liegt und im Westen tiefer Druck herrscht; das Zentrum des Tiefs ist dabei oft im Raum der Britischen Inseln zu finden. Durch Stau- und Lee-Effekte bilden sich innerhalb der schnellen Strömung zusätzliche Druckdifferenzen aus mit hohem Druck im Luv des Gebirges, niedrigem im Lee (»LeeTief«).

Erste Föhnlücke im Bereich der Nordalpen, danach Kondensieren im ersten Wellenberg

Regionale Unterschiede

Ablauf in den Nordalpen

Mit aufkommendem Föhn gibt es zunächst keinen Niederschlag, es ziehen aber Wolken auf. Man sieht unterschiedlich dichten Altocumulus, Altostratus, Cirrus und Cirrostratus, oft dabei die typischen Föhnwolken: eine Föhnmauer am Zentralkamm, die den Beginn der absteigenden Luft kennzeichnet und etwas über den Kamm überhängt, die Föhnlücke nach dem Alpenhauptkamm oder am Alpennordrand, und der als eigentliche Föhnwolke bezeichnete Altocumulus lenticularis, die Linsenwolke (Föhnfische).

Das Überströmen der Alpen führt, wie im Kapitel »Höhenströmung und Vertikalbewegung« dargestellt, zur Wellenbildung in der Atmosphäre. Die Wellen bleiben ortsfest und werden von der Luft durchströmt; bei ausreichender Feuchte wird das Kondensationsniveau erreicht. Es bilden sich beim Aufsteigen zum Wellenberg Wolken, die sich beim Absteigen ins folgende Wellental wieder auflösen.

Diese Durchströmungswolken sind linsen- (daher der Name »lenticularis«) oder fischförmig und werden in allen drei Wolkenstockwerken angetroffen.

Mit Durchzug der Kaltfront dreht die Strömung nach Westen zurück, der Föhn hört auf oder wird zumindest abgeschwächt; wie bei einem Kaltfrontdurchgang bei einer anderen Wetterlage setzt dann auch Niederschlag ein. Es herrscht meist gute Fernsicht, wenn im Stau der Alpen Niederschlag fällt und die Luftverschmutzung auswäscht. Bei seltenen

Föhnlagen mit überwiegendem Hochdruckeinfluss und keinem oder nur geringem Niederschlag in den Staugebieten kann durch den Föhn auch verschmutzte Luft transportiert werden; die Fernsicht bleibt dann wie bei sommerlichen Hochdruckwetterlagen eingeschränkt.

Ablauf in den Südalpen

Hier herrscht durchgehend Staulage, es fällt anhaltender und besonders ergiebiger Niederschlag vor und mit der durchziehenden Warmfront, das Zwischenhoch bringt nur vorübergehendes Nachlassen des Niederschlags. Eine spürbare Wetterbesserung kommt erst mit Annäherung des Höhentroges und Drehung der Strömung mehr auf West.

Ablauf in den West-/Ostalpen

Grundsätzlich ist das Wetter im Westen schlechter, da dieser Bereich näher am Tiefdruckgebiet liegt. Im Osten kann auch im Süden der Hochdruckeinfluss überwiegen und sich die Stauwirkung nur auf die Wolkenbildung beschränken.

Extreme

An der Alpennordseite kommt es manchmal zu ungewöhnlich hohen Temperaturen, da die Luftmasse aus Süden kommend ohnehin warm ist und sich die Föhnwirkung durch das Absinken der Luft dazu addiert. Selbst im Hochwinter können in den Föhntälern Werte von über 20 °C erreicht werden. Die Windgeschwindigkeiten erreichen in den Tälern in Spitzenböen manchmal 150 km/h, am Alpenkamm und auf hohen Gipfeln 200 km/h.
In den Südalpen gibt es vor allem im Herbst bei noch hoher Temperatur des Mittelmeeres und damit großem Feuchtegehalt der Atmosphäre bei häufig hoch liegender Schneefallgrenze Hochwassergefahr.

Oben links: Föhnmauer bei Nordföhn

Unten links: Altocumulus lenticularis im Frühherbst

Rechts: Fällt bei Föhn auf der Alpensüdseite kein oder nur wenig Niederschlag, werden die Aerosole nicht ausgewaschen, die Sicht wird dann sogar schlechter.

Nordstau (Föhn auf der Südseite der Alpen)

Staulagen können das ganze Jahr über auftreten; Voraussetzung ist eine Höhenströmung um Nordwest. Im Winter sind wie bei den anderen Wetterlagen hohe Windgeschwindigkeiten damit verbunden.

Druckverteilung

Die Druckverteilung ist umgekehrt wie beim Südföhn, hohem Druck über den Britischen Inseln und Westeuropa steht tiefer Druck im Osten gegenüber.

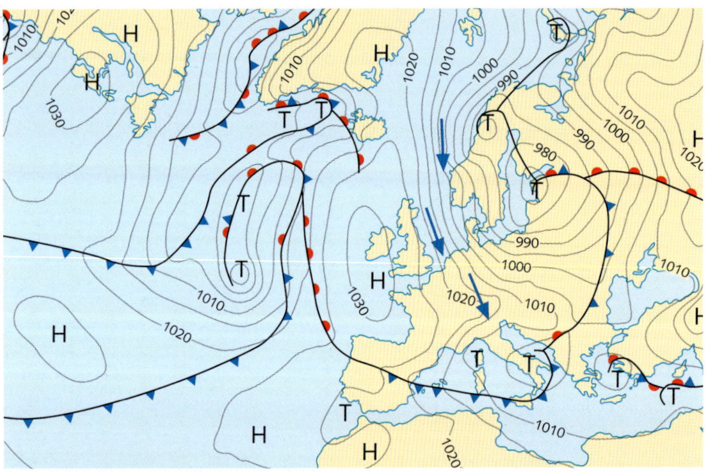

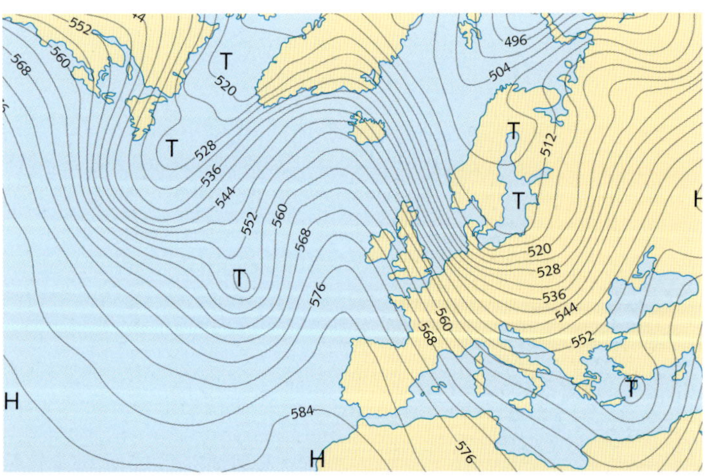

Oben die Bodenwetter- und unten die Höhenkarte vom 15. 12. 2003: Stauwetterlage

Regionale Unterschiede

Ablauf in den Nordalpen

Es entsteht auf der Vorderseite des Tiefs keine Föhnwirkung, da auch vor der Warmfront bereits West- oder Nordwestwind weht. Die Aufgleitniederschläge an der Warmfront mit der zusätzlichen Stauwirkung beim Nordwest- oder Nordwind bringen im Winter für mittlere und hohe Lagen die größtmöglichen Neuschneemengen (teilweise mehr als 1 m). Nach Durchzug der Kaltfront mit Winddrehung auf Nord bis Nordost folgen weitere stärkere Niederschläge, die sich allmählich auf den unmittelbaren Alpenrand zurückziehen.

Ablauf in den Südalpen

Vor und mit dem Eintreffen der Warmfront ist etwas Niederschlag möglich, wenn das Aufgleiten über den Alpenhauptkamm greift, ebenso mit der Kaltfront. Mit der kalten Luft rückseitig der Front setzt je nach Windgeschwindigkeit kräftiger Nordföhn ein, der mit sehr trockener Luft, viel Sonne und niedriger Temperatur einhergeht. Der Grund: Die Kaltluft, häufig aus polaren Breiten, bringt derart niedrige Temperatur, dass sie durch den erwärmenden Föhneffekt nicht auf »normales« Niveau angehoben werden kann.

Ablauf in den Zentralalpen

Vor und mit der Warmfront kommt es auch hier zu Niederschlag, durch das Aufgleiten, nicht so intensiv wie an den nördlichen Alpenketten, da dort die zusätzliche Stauwirkung erheblich größer ist. Aus dem gleichen Grund sind die Zentralalpen nach Durchzug der Kaltfront deutlich gegenüber dem nördlichen Alpenrand begünstigt.
Der allgemein zu den Fallwinden gehörende Föhn kann an allen Gebirgen auftreten, wenn die Strömung zumindest etwas quer zum Kamm verläuft. Zu den bekanntesten gehören der Chinook an der Ostseite der Rocky Mountains, die Zonda an den Anden oder die Bora an der dalmatinischen Küste.

Genua- oder Adriatief

Das Genua- oder Adriatief wird in der Meteorologie auch als Vb-Lage bezeichnet. Früher wurden die Hauptzugstraßen von Tiefdruckgebieten – statistisch bestimmt durch van Bebber – mit römischen Ziffern benannt, lateinische Buchstaben kennzeichneten Verzweigungen. Von diesen hat sich in der Praxis nur die Zugstraße Vb als fester Begriff gehalten.

Druckverteilung

In der Höhe liegt ein ausgeprägter Trog über Mitteleuropa, bis ins Mittelmeer reichend. Auf seiner Vorderseite herrscht eine schwache südliche Strömung, in der die im Bereich Oberitalien entstehenden Tiefs über die Ostalpen hinweg nordwärts ziehen. Durch ihre langsame Verlagerung bleiben die oft ausgedehnten Niederschlagsfelder lange an einer Stelle und führen dadurch zu hohen Niederschlagsmengen.

Es können auch mehrere Tiefs nacheinander die Ostalpen überqueren mit tagelang anhaltenden und teilweise starken Regenfällen; sie lassen die gefürchteten Hochwassersituationen in den Einzugsgebieten von Donau, Elbe, Oder und auch südlich der Alpen entstehen. Vb-Lagen entstehen hauptsächlich im Sommerhalbjahr.

Sehr gute Sicht bei Nordföhn im Spätsommer

Oben die Bodenwetter- und unten die Höhenkarte vom 11. 8. 2002: Vb-Wetterlage (Elbehochwasser)

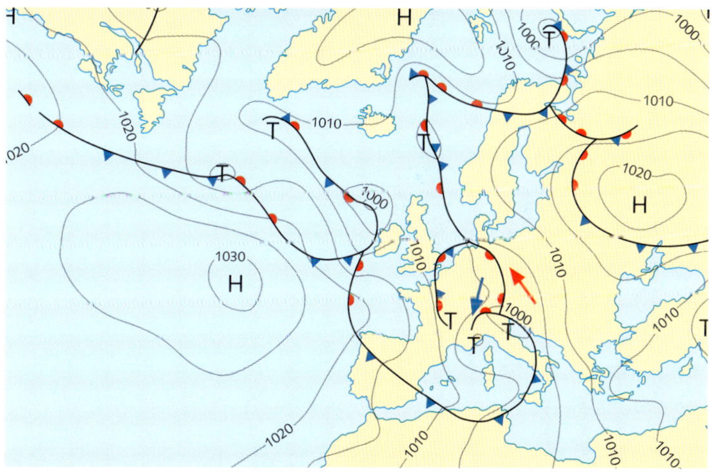

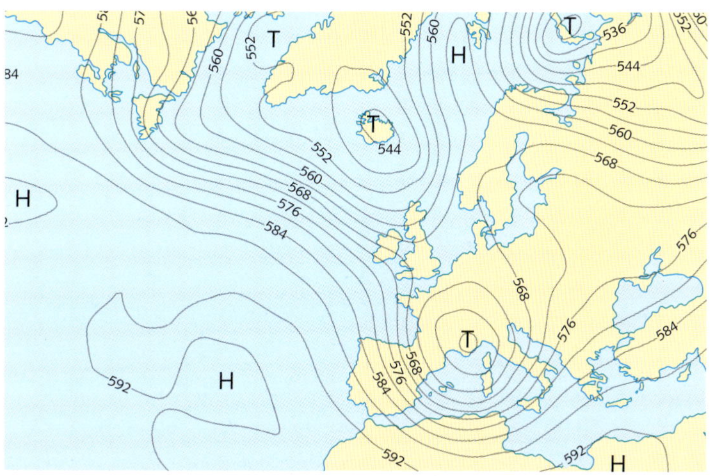

Regionale Unterschiede

Ablauf in den Ostalpen

Sowohl im Süden als auch im Norden sind Dauerniederschläge durch Warmluftaufgleiten von Süden, Südosten und auch Osten beherrschend, im Norden werden sie verstärkt durch Stauwirkung bei bodennaher Nord- bis Nordostströmung.

Im Frühjahr und im Herbst liegt die Schneefallgrenze bei Zufuhr kalter Luft aus Norden oft noch in den Tallagen, in den höheren Lagen der Alpen sind auch im Sommer große Neuschneemengen möglich.

Ablauf in den Westalpen

Hier kann sich in den westlichen Gebieten eher Hochdruckeinfluss durchsetzen, es ist aber vor allem an der Nordseite meist stark bewölkt, Niederschläge sind in den Staubereichen zu erwarten. Südlich der Zentralalpen und in den Südalpen ist die Neigung zu Niederschlag deutlich geringer.

Extreme

Wenn mehrere Tiefs hintereinander nach Norden wandern, können die Niederschläge über Tage hinweg anhalten und bis zu 400 l/m² in vier Tagen erreichen.

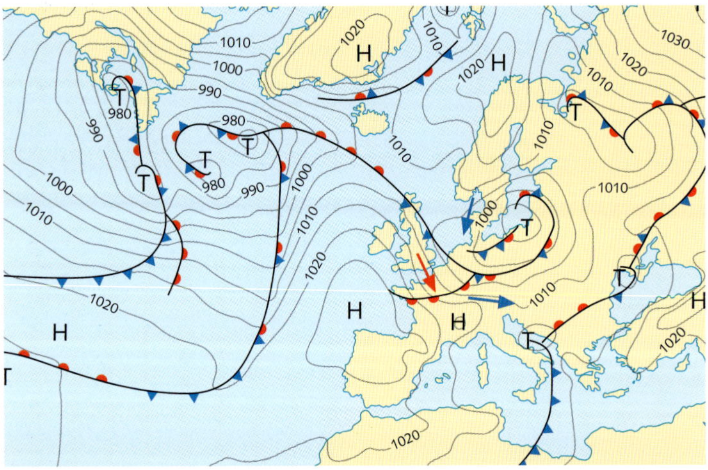

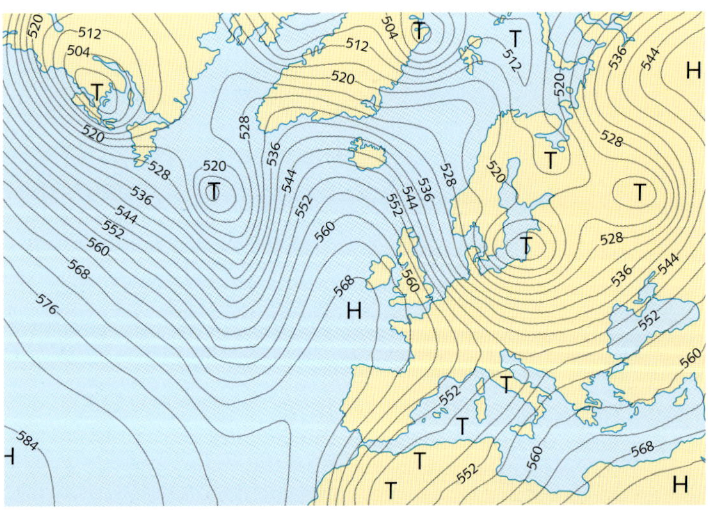

Oben die Bodenwetter- und unten die Höhenkarte vom 20. 1. 2004: Nordwest-Wetterlage

Nordwestlage

Diese Wettersituation wird entsprechend den Südwest- oder Westlagen nach der Strömungsrichtung in der Höhenwetterkarte der 500-hPa-Fläche bezeichnet.

Druckverteilung

Eine zu den Alpen gerichtete nordwestliche Strömung entsteht, wenn über dem Ostatlantik höherer Druck maßgeblich ist, oft bis zu den Britischen Inseln reichend. Am Boden ist das Zentrum des tiefen Druckes meist im Raum Ostsee zu finden. Die Nordwestlage tritt in vielen Fällen auch als Übergang zur Nordlage in Erscheinung.

Regionale Unterschiede

Ablauf in den Nordalpen

Die Warmfront trifft etwa aus West bis Nordwest auf die Alpen, eine durch Föhn bedingte Abschwächung ist deshalb nicht zu beobachten. Im Gegenteil, bei einer mehr oder weniger starken Nordkomponente wird sie zusätzlich durch Stau verstärkt. Da die Warmluft eher aus nordatlantischen Gebieten kommt, steigt die Schneefallgrenze nur kurz über 1 000 m an, in höheren Lagen oberhalb 1 500 m herrscht meist Dauerfrost. Schon die Kaltfront wird durch Stau intensiviert, noch mehr die dahinter einfließende Kaltluft aus Nordwest. Die Niederschlagsmengen sind daher bei dieser Wetterlage insgesamt sehr kräftig und können großen Neuschneezuwachs verursachen. Dabei ist die Windgeschwindigkeit hoch, es finden massive Schneeverfrachtungen statt.

Ablauf in den Südalpen

Südlich des Zentralkammes zeigt sich die Warmfront zumindest durch starke Bewölkung, es kann auch in den kammnahen Regionen zu Niederschlag kommen. Nach dem Durchzug der Kaltfront und der damit verbundenen Winddrehung auf Nordwest sorgt der Nordföhn für rasche Wetterbesserung; je weiter südlich, desto schöner wird das Wetter, es ist überall niederschlagsfrei. Die Temperatur bleibt aber in allen Höhenlagen niedrig, der Wind ist stark bis stürmisch in den Hochlagen.

Hochdrucklage

Druckverteilung

Im Gegensatz zum rasch wandernden Zwischenhoch kann ein stabiles Hoch mehrere Tage, in Extremfällen mehrere Wochen für den Alpenraum bestimmend sein. Es ist an einen gut ausgeprägten Hochdruckrücken in der hohen Atmosphäre gebunden, der im Idealfall über den Alpen liegt. Die Höhenströmung ist grundsätzlich schwach, sie kommt aus Nordwest bis Ost, je nach Lage des Druckzentrums. Die Hochdruckwetterlagen zeigen entsprechend der Jahreszeit eine deutlich unterschiedliche Ausprägung.

Winterhalbjahr (ca. Oktober bis März)

Meist herrscht eine ganztägig anhaltende Inversionslage mit kalter, feuchter Luft in den Tälern, während es darüber durch Absinken der Luftmassen warm und sehr trocken ist bei ungetrübter Fernsicht. Im Alpenvorland und in großen inneralpinen Beckenlagen ist es häufig trüb durch beständigen Nebel und/oder Hochnebel. Da sich die Inversion wegen der jahreszeitlich bedingten geringen Einstrahlung der Sonne nicht auflöst, bleiben die Emissionen durch Verkehr und Hausbrand und die Feuchte in der kalten bodennahen Schicht gefangen, die Sicht auf den Bergen bleibt sehr klar. Die geringe einfallende Sonnenenergie und damit kaum entstehende Warmluft am Boden lässt das Absinken bis in die unteren Hanglagen hinab durchgreifen.

In den Alpen entstehen allenfalls kleine Cumuluswolken im Bereich stärkerer Hangaufwinde. Bei nur schwachem großräumigen Wind dominieren tagesperiodische Winde

Winterliche Hochdruckwetterlage mit fast wolkenlosem Himmel

Oben die Bodenwetter- und unten die Höhenkarte vom 15. 1. 2005: Hochdruck-Wetterlage

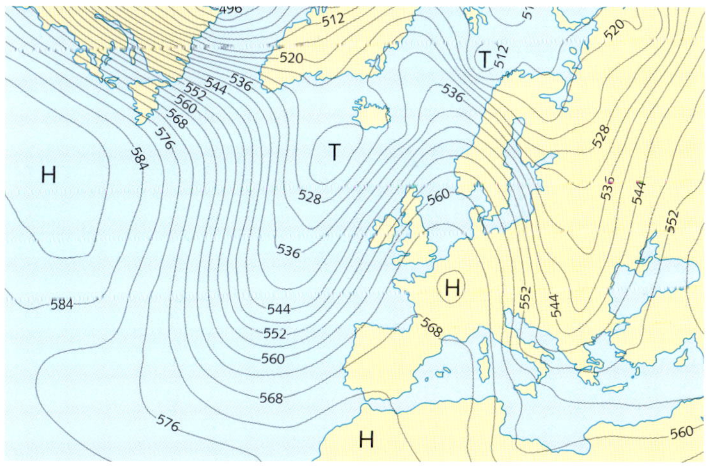

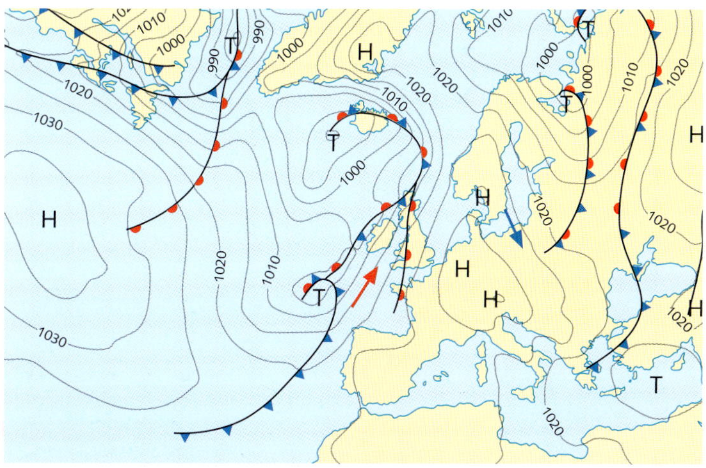

(siehe Seite 42) und der daraus resultierende Gang des Luftdruckes. Diese lokalen Winde lösen nach ein bis zwei Tagen die Nebel- und Hochnebeldecke in den Alpentälern auf, die Inversion mit niedriger Temperatur bleibt aber bestehen. Liegt eine Schneedecke, sinkt dabei die Temperatur im Hochwinter von Tag zu Tag etwas ab.
Im Voralpenland dagegen bleibt der Hochnebel bestehen, da die Sonne den Boden nicht erwärmen kann und wegen fehlender Hangwindzirkulation keine Durchmischung stattfindet.

Sommerhalbjahr (ca. April bis September)
Solange zu Beginn und am Höhepunkt einer Hochdrucklage das Absinken in der Atmosphäre kräftig ist, herrschen nachts ähnliche Bedingungen wie im Winter, teilweise bildet sich in den Tälern auch Nebel oder Hochnebel. Tagsüber aber löst sich die Inversion fast immer auf; es bilden sich die sogenannten Schönwettercumuli, flache Quellwolken geringer horizontaler und vertikaler Ausdehnung. Bei nachlassendem Absinken eines sich abschwächenden Hochs führt die Sonneneinstrahlung zu mehr und mehr labiler Schichtung der Atmosphäre. Deshalb bilden sich von Tag zu Tag vermehrt Cumuluswolken; die bodennahen Emissionen werden in größere Höhen verfrachtet und schränken die Fernsicht auf den Bergen immer weiter ein, sie wird dafür in den Tallagen besser.
Bei Annäherung des nächsten Tiefs und damit verbundenem weiteren Nachlassen des Absinkens werden die Quellwolken von Tag zu Tag dicker und türmen sich immer höher auf. Da die Einstrahlung die nächtliche Ausstrahlung überwiegt, steigt die Temperatur jeden Tag etwas mehr an. Im weiteren Verlauf kommt es dann im Tagesgang zu ersten Wärmegewittern.

Besonderheiten

Im winterlichen Hoch erwärmt sich die Luft oberhalb der Inversion durch das Absinken auf für die Jahreszeit hohe Temperaturwerte, zwischen 1 000 und 2 000 m werden bis zu +10 °C erreicht! Die Luft ist gleichzeitig sehr trocken, die relative Feuchte geht auf unter 5 % zurück. Gegenüber der Kaltluft am Boden können dadurch auf einen Höhenunterschied von 100 m große Temperaturdifferenzen entstehen, da in der kalten Bodeninversion Tiefstwerte bis zu −20 °C erreicht werden.
Die Lage des Bodenhochs bestimmt maßgeblich die Temperatur während der Hochdruckwetterlagen. Liegt das Zentrum nördlich der Alpen, wird aus Nordosten vor allem im Winter sehr kalte Luft herangeführt, liegt das Zentrum aber östlich der Alpen, wird mit südlichem Wind warme Luft aus dem Mittelmeerraum zugeführt.

Gewitterlage

Eine Gewittersituation wird als »Wetterlage mit geringen Druckgegensätzen« oder auch »flache Druckverteilung« bezeichnet.

Wärmegewitter

Warmluft steigt auf und kondensiert. Durch die Kondensation wird weitere Energie frei, was weiteren Auftrieb bedingt. Es entstehen rasch wachsende Haufenwolken. Wärmegewitter kommen am häufigsten im Sommerhalbjahr vor, also zwischen Anfang Mai und Ende September. Sie entwickeln sich vor allem nachmittags und abends, wenn die Atmosphäre am stärksten aufgeheizt ist.

Druckverteilung

Weder am Boden noch in der Höhe ist ein ausgeprägtes Hoch oder Tief vorhanden, erkennbar am großen Abstand der Isobaren im Bodendruckfeld, und ebenso wenigen Isohypsen in der Höhe. Es herrscht großräumig weder Absinken noch Hebung, die Wolkenbildung und das Entstehen der Gewitter wird im Tagesverlauf durch die Sonneneinstrahlung und die damit zunehmende Labilität der Atmosphäre ausgelöst.

Links: Oben eine winterliche Hochdruckwetterlage mit Cirrus und Cirrostratus. Unten: Das gesamte Alpenvorland liegt unter einer geschlossenen Hochnebeldecke, die Alpentäler sind durch die Hangwindzirkulation wolkenfrei.

Mitte: Schönwettercumulus von oben und von unten

Rechts: Oben die Bodenwetter- und unten die Höhenkarte vom 19.7.2004: Gewitterlage

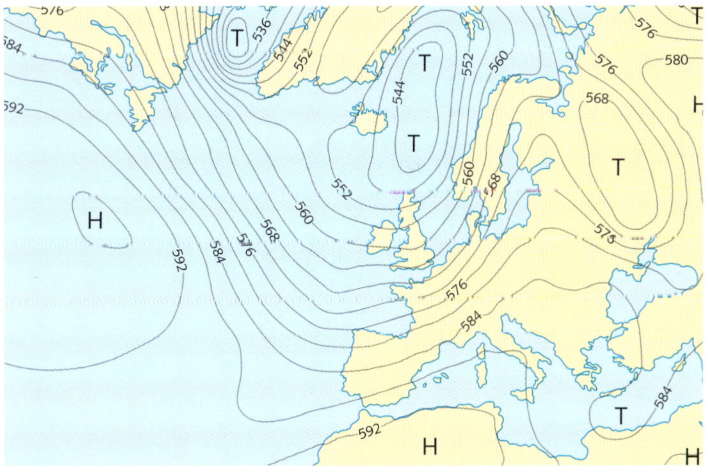

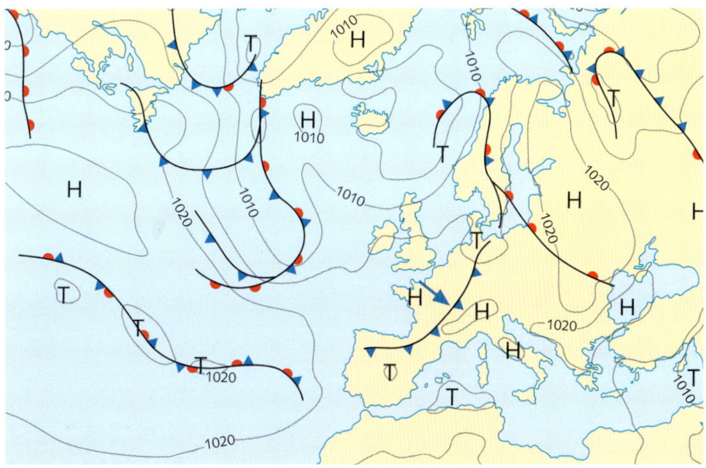

Links: Einzeln stehender höher reichender Cumulus am sonst wolkenfreien Himmel

Rechts: Höher reichender Cumulus über einem Bergkamm, daneben kleinere Cumuli, darüber Altocumulus-Felder

Links: Cumulonimbus mit sichtbarem Niederschlag, in diesem Falle Schnee kurz nach einem Kaltlufteinbruch

Rechts: Ganz links ein Cumulonimbus, in der Mitte ein Cumulus congestus und rechts der Versuch eines congestus, dem »der Dampf ausgegangen« ist

Links: Cumuluscongestus als aktives Gewitter

Rechts: Cumulus congestus kurz vor dem ausbrechenden Gewitter

Eine zu Gewittern neigende Wetterlage folgt in der Regel auf ein stabiles Hoch, wenn sich dieses nach Osten zurückzieht. Die Höhenentwicklung der Quellwolken und die Häufigkeit und Stärke der Wärmegewitter nimmt von Tag zu Tag entsprechend dem schwächer werdenden Absinken zu.
Eine Regel für die Zeitdauer des Übergangs von einer Hochdrucklage zu einer Gewitterlage gibt es nicht, dafür ist die in jedem Falle unterschiedliche rasche Veränderung der Großwetterlage maßgeblich. Vielfach wird eine flache Druckverteilung durch das Herannahen einer Kaltfront oder eines Höhentroges beendet; es entstehen Gewitterfronten.

Vorgänge beim Gewitter

Der Antrieb für den Aufbau eines Gewitters ist das Aufsteigen der Warmluft in der labilen Atmosphäre, wobei durch Kondensation des Wasserdampfes zusätzlich große Energiemengen frei werden und für weiteren Auftrieb sorgen. Aus einer kräftigen Quellwolke baut sich ein hoher Wolkenturm auf, der Cumulus congestus. Die weitere Höhenentwicklung wird spätestens gebremst durch die sehr stabile Schicht der Tropopause, die aufsteigende Warmluft muss horizontal ausweichen und bildet den für kräftige Gewitter typischen Amboss (siehe Foto Seite 13). Nicht immer steigen die Wolken bis zur Tropopause auf, auch eine sehr hoch liegende Absinkinversion kann die Ambossbildung verursachen!
Bei beginnender Vereisung setzt in der Gewitterwolke Niederschlag ein. Zunächst entsteht in der Wolke Hagel, der beim Herabfallen schmilzt und als großtropfiger Regen am Boden ankommt. Entstehen bei starken Aufwinden sehr große Hagelkörner, schmelzen sie nicht vollständig und kommen dann auch als Hagel am Boden an. Durch das Schmelzen des Hagels, das seiner Umgebung Wärme entzieht, entstehen in der Wolke Kaltluftkörper, die zusammen mit dem Niederschlag fallwindartig herabstürzen. Wenn sie den Boden erreichen, breiten sie sich horizontal aus: Es entstehen die Gewitterböen, die in Richtung der Fortbewegung des Gewitters am stärksten sind.
Gewitter leben von Warmluft aus ihrer Umgebung; deshalb sind felsige Gebirge mit hoher Wärmespeicherung an besonnten Südhängen häufiger von Gewittern betroffen. Als besonders gewitterträchtig sind etwa das Karwendelgebirge oder auch die Dolomiten bekannt.
Daraus ergibt sich auch der Grund für Intensitätsschwankungen eines Gewitters bei seiner Verlagerung.

Abschwächung:

- bei Überqueren eines Gebirgstales, da hier mit der dargestellten Zirkulation sonst überwiegend absinkende Luft wirksam ist und das Aufsteigen der Luft im Gewitter bremst;
- bei Überqueren eines größeren Sees, da sein Wasser im Sommer praktisch immer kühler ist als die erhitzte Luft des Umlandes und damit der Wärmenachschub fehlt;
- bei Überqueren großer Gletscherflächen, hier fehlt ebenfalls der Nachschub warmer Luft.

Verstärkung:

- bei Überqueren eines Gebirges oder Gebirgskammes, da die Hangaufwinde zusätzlich den Aufwind im Gewitter begünstigen;
- bei Überqueren ausgedehnter Freiflächen, vor allem Felszonen, wird die dort durch die Sonnenstrahlung entstandene überhitzte Luft in die Aufwinde mit einbezogen.

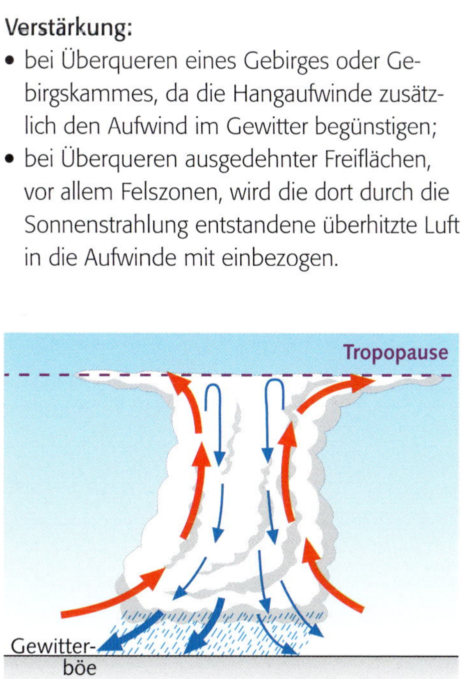

Aufbau eines Gewitterturmes (Cumulonimbus) mit Amboss

Expertentipp

Ein Gewitter kann bereits aus einer hoch aufgetürmten Quellwolke, dem Cumulus congestus, entstehen, die Bildung eines Ambosses ist nicht notwendig für ein Gewitter (siehe die Fotos Seite 70 unten)! Im Sommer muss auch bei harmlos aussehenden Schauerwolken mit einer Höhenentwicklung von nur 4 bis 5 km bereits mit einzelnen Blitzen gerechnet werden!

Verlagerung eines Gewitters

Ähnlich wie ein Tiefdruckgebiet verlagert sich ein Gewitter mit der Höhenströmung in mittleren Lagen der Atmosphäre in 5 bis 8 km Höhe; hier ist das Zentrum des Gewitters mit den stärksten Auf- und Abwinden zu finden. In Bodennähe bis hinauf zu den Berggipfeln werden die Winde stark lokal durch die Orographie beeinflusst; häufig wird hier die Luft auch von den starken Aufwinden im Gewitter angesaugt und bewegt sich zu seinem Zentrum hin. In den oberen Schichten nahe der Tropopause kann die Windrichtung eine ganz andere sein.
Aus der Ferne kann man damit die Verlagerung eines Gewitters gut beobachten und bei einzelnen Wärmegewittern seine weitere Planung darauf abstellen. Bei rasch mit der Höhe zunehmender Windgeschwindigkeit bekommen die Cumuli eine Schräglage, Gewitter können daraus nicht entstehen.
Steht man bereits unter einer Gewitterwolke, ist die Höhenströmung nicht mehr zu verfolgen. Aber man sieht den aus der Wolke ausfallenden Niederschlag als oft grauen Schleier mit dahinter verschwindenden Konturen bis zum Boden herabreichen. Der Niederschlag verlagert sich ebenfalls mit dem Zentrum des Gewitters, sodass die Beobachtung des Regenschleiers dessen Zugrichtung zeigt.

Expertentipp

Blitze aus einer Gewitterwolke schlagen nicht nur unterhalb der Wolke ein, sie können vor allem im Gebirge auch Gipfel treffen, die sogar außerhalb der Wolke liegen! Dabei kann durchaus ein Ziel bis zu einer Entfernung von bis zu 2 oder 3 km außerhalb des Gewitters getroffen werden!

Weitere Vorzeichen

Schon vor der Entwicklung von Quellwolken am Himmel sind andere Wolkenformen geeignet, Labilität in der Atmosphäre anzuzeigen; sie stellen relativ verlässliche Vorzeichen für an

diesem Tag noch kommende Gewitter dar. Diese Wolken sind die Castellanuswolken, die im unteren und mittleren Stockwerk auftreten können; sie wurden bereits im Abschnitt »Feuchte, Wolken und Niederschlag« ab Seite 14 vorgestellt.

Der Luftdruck, der im Voralpenland vor dem Eintreffen von Gewittern mehr oder weniger stark zu fallen beginnt, ist auf den Bergen kein sicheres Anzeichen, da die Tageserwärmung und der damit entstehende Tagesgang des Druckes mit Anstieg tagsüber diese Tendenz unterdrückt.

Häufig wird in der Literatur das Auftreten der Mammatuswolken als Vorzeichen für ein Gewitter gewertet; tatsächlich sind sie aber eine Begleiterscheinung von Gewittern und besonders schön auf der Rückseite eines bereits abziehenden oder sich auflösenden Cumulonimbus zu sehen.

Oben links: Durch mit der Höhe rasch zunehmende Windgeschwindigkeit bekommen die Wolken eine ziemliche Schräglage.

Oben Mitte: Unter dem Rand des Cumulonimbus stehend, ist zu beobachten, wie aus dem Zentrum der Wolke der Niederschlag auszufallen beginnt.

Oben rechts: Mammatus auf der Rückseite eines abziehenden Cumulonimbus

Unten links: Der Cumulonimbus zieht von rechts nach links, Teile des Ambosses werden aber in Form von Cirrocumulus zum Fotografen hin geblasen.

Unten rechts: Mammatus auf der Rückseite eines abziehenden Cumulonimbus

Frontgewitter

Im Gegensatz zu den beschriebenen Wärmegewittern werden diese Gewitter durch Hebungsvorgänge an einer Front hervorgerufen. Grundsätzlich können sie an jeder Front auftreten, sie bilden sich aber am häufigsten an einer Kaltfront und nur selten an einer Warmfront. Aufgrund der im Sommer viel größeren Temperaturdifferenzen zwischen Warm- und Kaltluft sind in dieser Jahreszeit die Gewitter am intensivsten.
Frontgewitter können zu allen Tageszeiten auftreten, sie werden aber im Tagesverlauf durch die Erwärmung nachmittags und abends stärkere Intensität haben. Bei kräftigen Kaltfronten bildet sich häufig eine fast lückenlose Reihe von Gewittern aus, sie wandert als Gewitterfront über das Land. Der typische Ablauf der Wettererscheinungen wurde bereits unter »Wettersturz« beschrieben und wird bei den Alpinen Gefahren nochmals aufgegriffen.
Selbst aus einzelnen, harmlos aussehenden Schauerwolken mit relativ geringer vertikaler Erstreckung können gelegentlich Blitze am Boden einschlagen.

Blitze

Verhalten bei Gewittern

Absolute Sicherheit in den Bergen vor Blitzeinschlägen gibt es nicht. Die beste Vorsorge ist, durch Beobachtung der Wettervorgänge rechtzeitig eine Hütte mit Blitzableiter zu erreichen, die den besten Schutz gewährleistet. Bei längeren Touren ist es nicht immer zu vermeiden, dass man trotz aller Vorsicht in ein Gewitter gerät; umsichtiges Verhalten muss die Gefährdung so gering wie möglich halten. Die Entfernung eines heranziehenden Gewitters lässt sich leicht berechnen: Der Schall braucht pro Kilometer ca. drei Sekunden. Gewitter, bei denen nur der Schein der Blitze zu sehen, aber kein Donner zu hören ist, sind mindestens 18 km entfernt, da die Schallwellen des Donners auf dieser Strecke absorbiert werden.

Entstehen eines Blitzes

Die zur Entstehung eines Gewitters notwendigen elektrischen Spannungen können sich nur in Quellwolken großer Vertikalerstreckung bilden. Diese Spannungen innerhalb einer Wolke werden durch den Niederschlag ausgelöst: Das Zusammenwachsen und Auseinanderreißen der Tropfen und die bei den sehr turbulenten Vertikalbewegungen der Luft häufigen Wechsel zwischen gasförmigem, flüssigem und festem Zustand führen zu einer Ladungstrennung, wobei kleinere Tröpfchen positive, größere negative Ladung erhalten. Da die kleineren Tröpfchen eher nach oben getragen werden, sich die größeren im unteren Teil der Gewitterwolke sammeln, entstehen Bereiche unterschiedlicher Ladung in der Wolke, die gegenüber der Erdoberfläche hohe Spannungen aufbauen. Wird eine Feldstärke von etwa 3 000 V/cm überschritten, kommt es zu einer plötzlichen Entladung durch Blitze. Ein Leitblitz wächst mit hoher Geschwindigkeit von der Wolke zum Boden, von der Erdoberfläche her kommt die Fangentladung. Die ionisierten Luftmoleküle im Blitzkanal werden zum Leuchten angeregt, wir sehen den Blitz. Bei den hohen Stromstärken von bis zu mehreren 100 000 Ampere erhitzt sich die Luft schlagartig und dehnt sich explosionsartig aus, die dadurch erzeugten Schallwellen hören wir als Donner.

Direkter Blitzschlag

Der Blitzkanal dient zum Ausgleich hoher Spannungen zwischen der Wolke und dem Boden, wobei sich die höchsten Spannungen überwiegend an exponierten Punkten aufbauen.
Da jedoch auch der Untergrund maßgeblich die Spannungsfelder im Erdboden bestimmt, kann ein Blitz in jeden Punkt der Erdoberfläche einschlagen; die Gefährdung nimmt aber zu mit der Exposition des Standortes, sodass als besonders blitzgefährdet die folgenden Bereiche gelten:

- Gipfel,
- Grate und Kämme,
- herausragende einzelne Felsformationen,
- besonders hohe oder einzeln stehende Bäume, die ihre Umgebung überragen sowie
- ein auf sonst ebener Fläche stehender Bergsteiger.

Indirekte Auswirkungen

Die an der Einschlagstelle eines Blitzes herrschende sehr hohe Spannung bis zu mehreren 100 000 V geht in der Umgebung der Einschlagstelle rasch zurück, sodass zwischen zwei Punkten auf dem Boden, die nur 50 cm auseinander liegen, schon sehr hohe Spannungsdifferenzen auftreten.
Ein Bergsteiger, der sich hinlegt, um nicht selbst einen exponierten Punkt darzustellen, setzt sich bei einem Einschlag in der Nähe Spannungen von mehreren 10 000 V zwischen Kopf und Füßen aus!
Außerdem wird der Blitzstrom bei elektrisch sehr gut leitendem Untergrund über größere Entfernungen wirksam bleiben. Solche Stellen sind:

- wasserführende Rinnen und Bäche,
- über Felsen herabströmendes Regenwasser,
- Drahtseilsicherungen in Klettersteigen,
- gut leitende Gesteine.

Vorsorge gegen Blitzeinschläge

- Meiden von exponierten Punkten.
- Abstand zu einzeln stehenden Felsen oder Bäumen halten, nicht an Felswände anlehnen!
- Nicht in fließendem Wasser stehen!
- Drahtseile meiden!
- Schrittspannungen vermeiden, keinesfalls hinlegen; in die Hocke gehen, dabei die Füße nahe zueinander stellen oder auf eine isolierende Unterlage setzen.

Elmsfeuer

An aufragenden spitzen Gegenständen können sich bei hoher Spannung in der Atmosphäre elektrische Entladungen bilden, die bei Dunkelheit als kleine bläuliche Flämmchen sichtbar und als Surren hörbar werden. Oft ist ein Sträuben der Haare zu bemerken. Diese Erscheinungen sind meistens in der Nähe oder kurz vor einem Gewitter zu beobachten, in seltenen Fällen aber auch bei blauem Himmel ohne Gewittergefahr.

Wolkenblitze

Spannungsausgleich in einer Gewitterwolke findet nicht nur statt zwischen Wolke und Erde, sondern auch zwischen unterschiedlich geladenen Teilen der Wolke oder sogar benachbarten Wolken. In manchen Gewittern sind Wolkenblitze viel häufiger als Bodenblitze, sie werden auch für den Bergsteiger zu einer Gefahr, wenn er selbst auf höheren Gipfeln in der Wolke steckt.

»Blitzgesicht«, durch Zufall bei längerer Belichtung aus Wolkenblitzen entstanden

Das Klima in den Alpen

Klimabegriff und -größen

Für Bergsteiger ist der tägliche Ablauf der meteorologischen Parameter wie Bewölkung, Niederschlag oder Temperatur wichtig. Wir möchten wissen, wie zu einer bestimmten Zeit auf einem Berg, den wir besteigen wollen, das Wetter sein wird. Auf dem Gipfel erleben wir das Wetter: Sonne und wenig Wolken in einem Hochdruckgebiet, Sturm und Regen beim Durchzug einer Kaltfront.

Sind wir mehrere Tage unterwegs, erleben wir das Wetter von Tag zu Tag. Ist es ohne große Unterschiede über einen längeren Zeitraum gleich oder ähnlich, spricht man von der Witterung. Sie wird beschrieben durch den vorherrschenden Charakter des Wetters in dieser Phase. Die Dauer eines solchen Witterungsabschnittes wird durch die herrschende Großwetterlage bestimmt. Auch für Jahreszeiten kann man den Begriff noch anwenden und beispielsweise von einem milden Winter oder einem regnerischen Sommer sprechen. Im langjährigen Durchschnitt häufiger vorkommende Ereignisse zu bestimmten Zeiten wie der Altweibersommer oder das Weihnachtstauwetter gehören ebenso zum jährlichen Witterungsablauf.

Die Zusammenfassung aller Wettererscheinungen für einen Ort oder eine Region ist das dort herrschende Klima. Es wird dargestellt durch das – statistisch abgesicherte – Mittel der Messwerte über einen langen Zeitraum, der heute allgemein einen Abschnitt von 30 Jahren umfasst. Wichtig sind auch die Beschreibung des Klimas durch die Häufigkeiten des Auftretens bestimmter Ereignisse, vor allem auch der Extremsituationen.

Horizontale und vertikale Verteilung der Temperatur

Horizontale Verteilung

Große Gebiete mit relativ einheitlichem Klima nennt man Klimazonen oder auch Klimagürtel; sie sind entsprechend der Einstrahlung der Sonne und damit der vorherrschenden Mitteltemperatur vorwiegend parallel zu den Breitenkreisen orientiert; die Tropen, die gemäßigten Breiten oder die Polargebiete sind bekannte Bezeichnungen. Überlagert sind sie von Klimazonen, deren Einteilung nach anderen Gesichtspunkten vorgenommen wird, z. B. das Meeresklima und das Kontinentalklima. Die charakteristischen Eigenschaften des Meeresklimas – relativ ausgeglichene Temperatur, in mittleren Breiten viel Bewölkung und Niederschlag – werden immer weniger spürbar,

Links: Frühsommer: Blumenwiesen vor den noch winterlich verschneiten Bergen

Rechts: Die verschiedenen Klimazonen: Wiese und Wald, lichter Wald zur Baumgrenze hin, darüber alpine Matten bis zu Fels und ewigem Schnee

je weiter man sich vom Meer entfernt; der Übergang zum kontinentalen Klima ist kontinuierlich. Natürlich gibt es innerhalb dieser Gebiete wieder zahlreiche feinere Unterschiede, abhängig von der Höhenlage und anderen Einflüssen. Im kleineren Maßstab spricht man vom Waldklima, vom Stadtklima bis herab zum Geländeklima und zum Mikroklima, welches beispielsweise den Temperaturverlauf unter einem Baum oder auf einer Blattoberfläche zum Gegenstand hat.

Vertikale Verteilung

Diese weit auseinander liegenden horizontalen Klimate rücken in einem Gebirge sehr nahe zusammen; eine mittlere Temperaturdifferenz von 1 K (siehe Abschnitt »Temperatur«, Seite 26) wird in der Ebene viele 100 km auseinander liegen, in den Bergen sind es dagegen nur 200 m Höhenunterschied! Die Abfolge der natürlichen Pflanzengesellschaften vom Wald über die Strauchregion zur tundraähnlichen Vegetation der alpinen Matten und darüber der oft kaum noch bewachsenen Region mit Eis und Schnee kann an einem einzigen Berg beobachtet werden.

Innerhalb dieser eher groben Einteilung aufgrund der Vegetationsabfolge überlagern sich die Standortbedingungen abhängig von der Exposition eines Hanges, also seiner Orientierung zur Wärme spendenden Sonne. Wandert man auf einem von West nach Ost verlaufenden Kamm, ist leicht zu sehen, dass die Pflanzenwelt am Südhang meist ganz anders zusammengesetzt ist als am Nordhang. Dementsprechend ist auch die Schneegrenze auf der Südseite in ganz unterschiedlicher Höhe zu finden als auf der Nordseite. Für den Bergsteiger unterscheidet sich dadurch die Wegbeschaffenheit oft entscheidend: Steige an südlich exponierten Hängen sind viel eher schnee- und eisfrei, sie trocknen schneller ab. Im Frühsommer oder in den ersten Tagen nach einem sommerlichen Kaltlufteinbruch können nordseitige Abschnitte eines Höhenweges manchmal nur schwierig zu begehen sein. Besonders in Rinnen kann sich der Schnee lange halten. Entsprechendes gilt natürlich auch für den Skibergsteiger und seine Reaktion auf Schneelage, Schneebeschaffenheit und Lawinengefahr.

Die Temperatur nimmt im Mittel um 0,5 K pro 100 m ab, im Winter etwas weniger, im Sommer etwas mehr. Die Schwankungen der Temperatur sowohl im Jahresverlauf als auch im Tagesgang sind auf dem Berg gedämpft, vor allem an Schonwettertagen mit großen Temperaturdifferenzen.

Schattige Rinne mit vereistem Altschnee im Hochsommer

Links: Deutliche Schneegrenze nach sommerlichem Neuschnee

Rechts: Verlauf der Temperatur im Vergleich Berg und Tal bei Schönwetter mit Gewitter

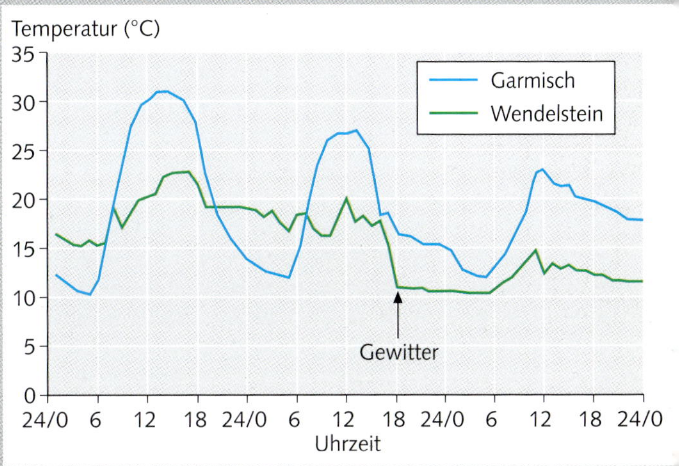

Im Tal, wo sich die abfließende Kaltluft sammelt, ist es nachts bei schönem Wetter meist kühler als auf dem Berg (siehe Seite 79, Abbildung unten). Dieser Effekt wird auch sichtbar im Vergleich des mittleren jährlichen Ganges. Die Abbildung unten links zeigt einen im Prinzip ähnlichen Verlauf der Kurven, natürlich auf deutlich niedrigerem Niveau in nahezu 3 000 m Höhe. Die Differenz zwischen dem jeweils kältesten Monat (Januar) und dem wärmsten (Juli) ist aber auf den Bergen geringer.

Besonderheiten

Auf den Bergen auf rund 3 000 m kann die Temperatur beim Zustrom sehr kalter Luft aus polaren Breiten gelegentlich unter – 30 °C sinken; auf der Zugspitze liegt der Rekord bei knapp – 36 °C, gemessen im Februar 1940. Ähnlich tiefe Werte können in den Alpentälern erreicht werden. Besonders tiefe Temperaturen ergeben sich in tiefen Mulden, den Sammelbecken der Kaltluftflüsse von den Hängen, mit einem großen Einzugsgebiet in mittleren Lagen der Alpen oberhalb der eher verschmutzten und feuchteren Luft der Talbereiche. Eine derartige Lage hat der Funtensee in den Berchtesgadener Alpen auf einer Höhe von rund 1 600 m. Forschungsprojekte gaben den Anlass zu Messungen in dieser Mulde; selbst im Hochsommer sinkt die Temperatur bei klarem Himmel immer wieder unter den Gefrierpunkt. Besonders extremen Nachtfrost zeigen manche Wintertage, wenn bei geschlossener Schneedecke Tagestiefsttemperaturen von unter – 40 °C gemessen werden mit dem bis dato tiefsten erreichten Wert von rund – 46 °C.

Niederschlag, Sonnenscheindauer, Wind

Verteilung des Niederschlags

Grundsätzlich nimmt die Menge des Niederschlags mit der Höhe zu, weil die Regentropfen auf ihrem Weg zum Boden fortlaufend Wasser verdunsten und in den Tälern deswegen weniger Wasser ankommt.
Innerhalb Europas sind die Alpen ein Gebiet, in dem der Niederschlag reichlich fällt; insgesamt sind es im Mittel über das ganze Gebiet zwischen 1 400 und 1 500 mm. Allerdings verteilt er sich sehr ungleichmäßig; vor allem an den Rändern der Alpen werden durch die Stauwirkung besonders hohe Niederschlagsmengen gemessen, beispielsweise im bayerischen Alpenanteil 2 000 bis zu örtlich mehr als 2 500 mm; in den südöstlichen Randgebirgen wirken sich häufig die Mittelmeertiefs aus und verursachen jährliche Mengen von 3 000 und örtlich bis 4 000 mm (im Vergleich: München

Langjährige Mittelwerte der Temperatur und der Sonnenscheindauer (links), des Niederschlags und der mittleren Höhe der Schneedecke (rechts) im Vergleich Berg und Tal

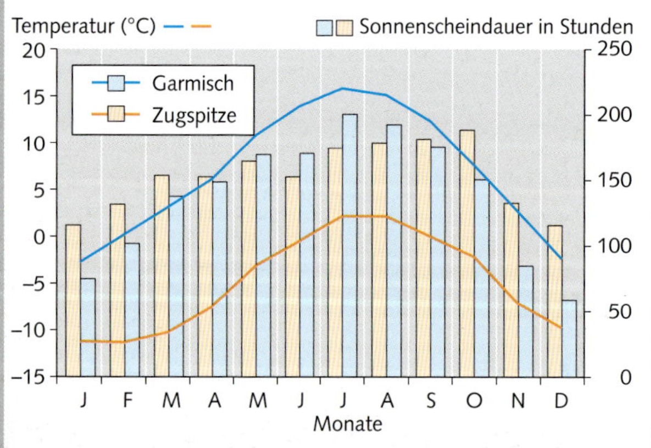

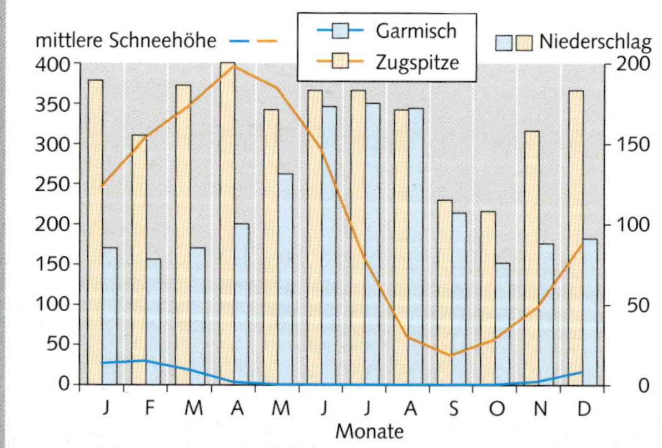

rund 950 mm). Die im Lee der Randgebirge liegenden inneralpinen Täler empfangen dagegen wesentlich weniger Regen und Schnee; besonders trockene Gebiete sind das Engadin mit einer jährlichen Niederschlagsmenge von nur rund 700 mm gegenüber rund 1 300 bis 1 400 mm im Raum Kufstein – Oberaudorf. In den Südalpen fallen im Vinschgau, der allseitig von hohen Bergen umgeben ist, stellenweise weniger als 500 mm, im Raum Trient sind es wieder nahezu 1 000 mm.

Abhängig von der herrschenden Temperatur fällt der Niederschlag im Winter auch in den Tälern oft als Schnee. Im Sommer zieht sich die Schneefallgrenze in die Hochlagen zurück. Im Jahresverlauf fällt deshalb immer mehr Schnee, je höher der Standort ist. Die mittlere Summe des Neuschnees beträgt in Garmisch etwas mehr als 3 m, auf der Zugspitze mehr als 17 m. In besonders schneereichen Jahren können an die 30 m Neuschnee herabrieseln! Der Rekordwert für einen Tag stammt aus dem März 2004; damals fielen auf der Zugspitze innerhalb von 24 Stunden knapp 1,50 m Neuschnee.

Der Niederschlag verteilt sich nicht nur räumlich ungleichmäßig, sondern auch in der zeitlichen Abfolge. Es sind Tagesmengen an Niederschlag möglich, die im Sommer an das Monatsmittel heranreichen, im Winterhalbjahr auch das Doppelte erreichen können. Besonders betroffen davon sind die südlichen und nördlichen Voralpen und durch das Hochwasser auch die jeweiligen Alpenvorländer.

Im Jahresverlauf liegt das Maximum des Niederschlags in Garmisch im Sommer jeweils über 150 mm pro Monat (siehe Seite 80, Abbildung unten). Auf der Zugspitze heben sich diese Monate nicht heraus, bis auf wenige Ausnahmen fallen in jedem Monat zwischen 150 und 200 mm Niederschlag. Der höchste Wert fällt auf den April, bedingt durch die charakteristischen Wetterlagen mit Stau aus Nord und Nordwest mit viel Neuschnee in den Bergen. September und Oktober haben den weitaus geringsten Niederschlag im Jahresverlauf und sind nicht umsonst die Monate mit den wettermäßig günstigsten Tourenbedingungen – zumindest im Durchschnitt.

Die Schneedecke in den Hochlagen ist vor allem von den Niederschlagsmengen abhängig, in den Tälern spielt auch die Temperatur eine große Rolle. Da die Erwarmung bis über den Gefrierpunkt im Frühjahr auf den Gipfeln der Alpen viel später einsetzt, fällt hier noch häufig Schnee, während im Tal bereits das Pflanzenwachstum beginnt. Die größten Schneehöhen werden deshalb in den Hochlagen erst im April oder, in rund 3 000 m, manchmal erst im Mai erreicht (siehe Seite 80, Abbildung unten).

Links: Oberflächenabfluss bei einem starken Gewitter

Rechts: Hochwasser im Voralpenland nach Starkregen in den Bergen

Sonnenscheindauer

Im Alpenraum gibt es deutliche Unterschiede der Sonnenscheindauer. Grundsätzlich scheint die Sonne südlich des Alpenhauptkammes länger; Grund ist der Schutz des Alpenhauptkamms vor Schlechtwetter aus West bis Nord. In den Tälern des Nordens und Nordwestens und auch im Alpenvorland liegt die mittlere Sonnenscheindauer bei etwa 1 700, im Süden dagegen bei 1 900 Stunden und mehr, örtlich sogar über 2 000 Stunden wie in der Poebene. Mit der Höhe nimmt die Sonnenscheindauer allgemein etwas zu, Ursache dafür ist der abnehmende Gehalt an Staub und Wasserdampf in der Atmosphäre.

Das Blau des Himmels entsteht durch die Streuung. Der kurzwellige Anteil des Sonnenlichtes – blau – wird viel stärker gestreut als der langwellige rote; in der direkten Sonnenstrahlung überwiegt damit der langwellige Anteil, die Luftmoleküle senden uns die blaue Farbe. Da die Streuung bei klarer, reiner Luft am besten funktioniert, dann ist die Intensität des Himmelsblaus am größten.

Die Sonnenscheindauer in den Tälern ist im jahreszeitlichen Verlauf sehr unterschiedlich. Im Winter scheint die Sonne wenig: Sie wird verdeckt durch umliegende Berge und die häufigen Inversionen mit Hochnebel und Nebel. Im Sommer schirmen die Berge deutlich weniger ab, Hochnebel ist selten, und die Konvektions-Bewölkung legt sich an die Hänge und Berge an; zumindest die größeren Talräume liegen infolge der bereits dargestellten Hangwind-Zirkulationen meist unter klarem Himmel. Auf den Bergen ist das Winterhalbjahr von der Sonnenstrahlung begünstigt, Wasserdampf und Emissionen bleiben in den Tälern, während im Sommer die Haufenwolken vor allem nachmittags die Sonne häufig abdecken. Die Abbildung auf Seite 80 unten zeigt, dass auf der Zugspitze trotz der viel geringeren täglichen Sonnenscheindauer im Oktober das Maximum erreicht wird. Die ebenfalls eingetragenen Daten von Garmisch-Partenkirchen zeigen den unterschiedlichen Verlauf.

Langjährige Verteilung von Windrichtung und -geschwindigkeit an einer freien Bergstation in mittlerer Höhenlage

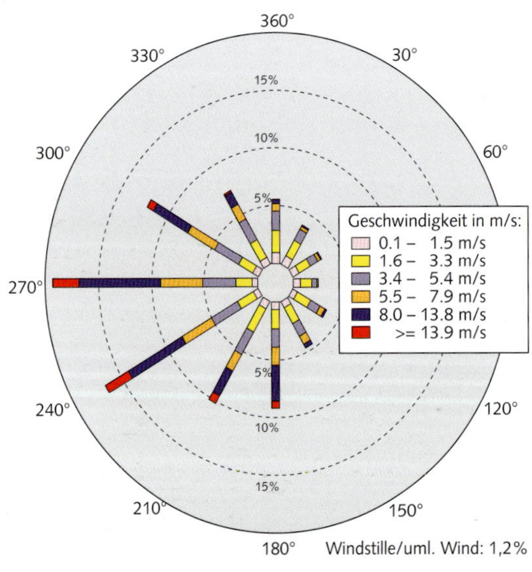

Wind

Wegen der Reibung in der bodennahen Luftschicht ist der Wind auf den Bergen stärker als im Alpenvorland; noch größer ist der Unterschied zu den windgeschützten Alpentälern. Auf den Bergen wurden in Böen Windgeschwindigkeiten von mehr als 300 km/h gemessen, im Voralpenland liegt die Grenze bei bisher knapp 150 km/h.

Die Windrichtung ist entsprechend der Lage der Alpen in der Westwindzone am häufigsten in den Richtungen West bis Südwest und auch Süd; das Beispiel (Abbildung links) zeigt die Stärkewindrose vom Wendelstein.

Singularitäten

Im jährlichen Gang der Witterung sind schon vor den Zeiten der Wettervorhersage Abschnitte aufgefallen, die sich vom regelmäßigen Steigen und Fallen im Jahresgang beispielsweise der Temperatur abheben. An bestimmten Kalendertagen oder in den Tagen davor und danach häufen sich im Ablauf vieler Jahre Hochdrucklagen oder kalte Tage, trockene Witterung oder Regen, verursacht durch eine überdurchschnittliche Neigung von gleichen Großwetterlagen in diesen Phasen.

Typische Beispiele

- Eisheilige: In Süddeutschland gelten die Namenstage von Pankratius, Servatius und Bonifatius sowie die darauf folgende »Kalte Sophie« vom 12. bis zum 15. Mai als Garanten kalter Tage mit Spätfrostgefahr. Kälterückfälle bei Nordlagen führen im April und auch noch im Mai zu Frösten, treffen aber im Mai auf einen zu dieser Zeit frostempfindlichen Stand der Vegetation, besonders bei Kulturpflanzen. Eine deutliche Häufung der Frosttage genau in dieser Zeit ist jedoch statistisch nicht zu sehen.
- Schafskälte: Zur Zeit der Schafschur um Mitte Juni kommt es in vielen Jahren zu einem Kaltlufteinbruch mit empfindlichem Rückgang der Temperatur, in den Alpen bildet sich oft bis in tiefe Lagen unter 1 500 m nochmals eine Schneedecke. Die Schafskälte gehört zu den für den Sommer in Mitteleuropa typischen Kälterückfällen.
- Altweibersommer: Den höchsten Erwartungswert und gleichzeitig die bekannteste aller Singularitäten hat die Zeit zwischen etwa dem 23. September und dem 5. Oktober; in zwei von drei Jahren herrscht eine beständige Hochdruckwetterlage, der Altweibersommer. Für den Bergsteiger eine schöne Zeit, da keine Wärmegewitter mehr zu erwarten sind und die Temperatur im angenehmen Bereich liegt.
- Weihnachtstauwetter: Ebenfalls zu den markanten Singularitäten zählt die Phase kurz vor Weihnachten, wenn eine winterliche Lage mit Kälte und Schnee durch einen Vorstoß milder Atlantikluft abgelöst wird. Tauwetter bis in Höhen über 1 500 m ist typisch, durch starken Regen bei gleichzeitiger Schneeschmelze herrscht zumindest lokal eine erhöhte Hochwassergefahr.

Im Jahresablauf gibt es noch mehrere Abschnitte, in denen eine Neigung zu bestimmten Großwetterlagen besteht, die Wahrscheinlichkeit für ihr Auftreten liegt aber nicht wesentlich über 50 %.

Klimaänderungen

Änderungen des Klimas gehören zu den wirkungsvollsten Faktoren der Geschichte der Erde. Ihre Auswirkungen auf das Erscheinungsbild der Erde und damit auf die Lebensbedingungen erklären, warum Klimaänderungen weltweit so ernst genommen werden; auch im Kleinen, im Bereich des Bergsteigens, haben sie prägnante Auswirkungen.

Klima der Vergangenheit

Zu den größten Veränderungen des Klimas, deren Auswirkungen heute noch unser Landschaftsbild bestimmen, zählen die Eiszeiten, deren letzte vor etwa 12 000 Jahren zu Ende ging. Doch auch innerhalb der Eiszeiten blieb das Klima nicht konstant, es gab Phasen mit höheren Temperaturen ebenso wie kältere Abschnitte. Die ersten klimatologischen Messreihen beginnen vor etwa 225 Jahren am Hohenpeißenberg, der damit ältesten Bergwetterstation auf der Erde. Auch in der Zeit seither blieb beispielsweise die Temperatur nicht konstant, sie zeigt einen Trend mit deutlichen Schwankungen zu höheren Werten in den letzten rund 100 Jahren, der an allen anderen Stationen mit kürzeren Messreihen dominierend erscheint.

Der Temperaturverlauf vom Hohenpeißenberg mit Beginn im Jahr 1781 zeigt zu diesem Zeit-

Verlauf der mittleren Temperatur am Hohenpeißenberg seit 1781, als Einzeljahre und zur Glättung 10-jährig übergreifend gemittelt

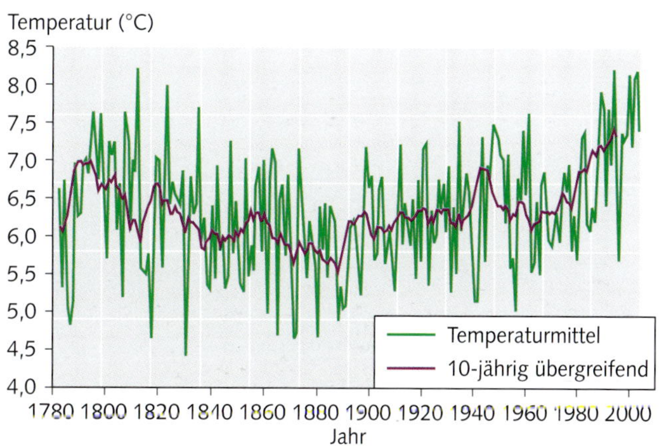

punkt jedoch ebenfalls relativ hohe Werte, die nur wenig niedriger liegen als die heutigen. Über den gesamtem Messzeitraum hinweg ist deshalb nur ein geringer Trend der Erwärmung festzustellen, der Anstieg der Temperatur in den letzten 100 Jahren wird damit relativiert und erscheint als eine Erholung von einer besonders kühlen Periode am Ende des 19. Jahrhunderts. Der gerade in den letzten gut 20 Jahren wieder verstärkte Trend zu einem Anstieg der Temperatur stimmt mit den Prognosen der klimatologischen Modelle überein, die aufgrund der durch den Menschen verursachten fortlaufenden Zunahme des CO_2 und dem daraus resultierenden Treibhauseffekt diese Erwärmung voraussagen. Unklar ist der Anteil des Menschen an der derzeitigen Veränderung des Klimas, da ja auch in der Vergangenheit ohne menschlichen Einfluss unterschiedliche Schwankungen aufgetreten sind, die nicht sicher gedeutet werden können.

Gletscher 1976

Klimatrend für den Alpenraum

Der Erwärmungstrend, verstärkt wieder seit 1980 spürbar, verteilt sich nicht gleichmäßig auf die Jahreszeiten. Am meisten trägt der Sommer seit etwa 30 Jahren zu den steigenden Jahreswerten bei, mit dem besonderen Ausreißer nach oben im Jahr 2003. Der Herbst zeigt ebenfalls einen eindeutigen Trend nach oben, der allerdings bereits in der ersten Hälfte des 20. Jahrhunderts stattfand, seitdem bleibt sein Mittelwert weitgehend gleich. Frühjahr und Winter zeigen insgesamt keinen ausgeprägten Anstieg in den letzten 100 Jahren, beide Jahreszeiten waren aber in den letzten 10 Jahren des 20. Jahrhunderts besonders warm.
Der Niederschlag zeigt bisher nur einen leichten Anstieg, der auch in den jeweiligen Jahreszeiten nicht markant ist. Auch nach den Rechenmodellen der neuesten Studien für Bayern ist mit Sicherheit mit einem weiteren Anstieg der Temperatur zu rechnen, der aber nicht zahlenmäßig festgelegt werden kann. Der Niederschlag sollte sich in der gesamten Menge nur wenig verändern, aber einen Trend zu punktuell und zeitlich intensiveren Mengen haben. Dabei nimmt der winterliche Schneeniederschlag in den Tallagen weiter ab, in Höhen über 1 500 m dafür etwas zu.

Auswirkungen für den Bergsteiger

Gletscher

Die gravierendste Auswirkung höherer Temperatur ist der jetzt schon deutliche Rückgang der Gletscher. Im Mittelalter bis ins 16. Jahrhundert hatten sich die Gletscher bei relativ hoher Temperatur weit zurückgezogen mit einigen Vorstößen in kälteren Perioden. Längere kalte Abschnitte in der sogenannten kleinen Eiszeit führten zu Höchstständen um das Jahr 1600 sowie in den folgenden Jahren und besonders in der Mitte des 19. Jahrhunderts, als die Gletscher teilweise ihre größten Vorstöße seit dem Ende der Eiszeit erreichten. Seither ist die Schneegrenze um mehr als 200 m angestiegen, die Gletscher weisen nur noch ein

Drittel der damaligen Fläche auf und haben etwa die Hälfte ihres Volumens eingebüßt. Nur kurzzeitig, etwa um 1920 und 1980, bewegten sie sich teilweise wieder vorwärts.
Der nach den Modellrechnungen weitergehende Trend zur höheren Temperatur macht einen weiteren Schwund der Gletscher in Länge und Volumen wahrscheinlich. Für den Tourengeher mehren sich deshalb die Gefahren im Bereich der Gletscher:

- bisher vom Eis gestützte Moränen mit oft steilen Hängen werden instabil;
- ebenso wird es vermehrt zu Erdrutschen von den an Gletscher grenzenden Hängen und Felswänden kommen;
- die Gletscherflächen selbst werden schwieriger zu begehen sein, da die Spalten mehr und größer, Schnee- und Eisbrücken zunehmend instabil werden.

Permafrost

Der Dauerfrostboden ist bekannt von den Tundren und Polargebieten, aber er ist auch eine Erscheinung von höheren Gebirgen wie den Alpen. Er entsteht dort, wo der im Winter eindringende Frost durch die Erwärmung des Sommers nicht mehr vollständig beseitigt wird. In Höhen oberhalb von rund 2 500 m sind gefrorene Böden weit verbreitet, abhängig von der Exposition zur Sonne und der deshalb unterschiedlichen Einstrahlung. Die Mächtigkeit der Dauerfrostschicht beträgt meist zwischen 10 und 200 m, davon tauen im Sommer etwa 3 bis 5 m auf. Großen Einfluss darauf haben die Schneeverhältnisse; so isoliert beispielsweise eine dicke Schneedecke im Winter den Boden von der kalten Winterluft und wirkt wärmend, Schneefälle im Sommer halten dagegen die hohe Temperatur und die Einstrahlung ab. Durch die zunehmende Nutzung alpiner Flächen durch den Menschen und nicht zuletzt durch die Bergsteiger stehen Fragen der Veränderungen des Permafrostbodens durch die derzeitige Erwärmung im Vordergrund.
Die davon ausgehenden Gefahren entstehen durch langsames Auftauen der durch den Frost zusammengehaltenen Böden:

- Steinschlag oder Felsstürze,
- Murenabgänge auftauender Böden,
- Bewegungen von Moränen und Blockgletschern,
- Bewegungen von bisher stabilen Geröllhängen,
- Instabilität des Untergrundes der Schutzhütten

Über die Gefahren für den Tourengeher hinaus sind in Zukunft durch großflächige Instabilität auch Gefährdungen des menschlichen Lebensraumes in den Tälern nicht auszuschließen.

Deutlicher Rückgang schon in den 20 Jahren bis 1996

Wetter und alpine Gefahren

Komponenten der Wettervorhersage

Der zu erwartende Wetterablauf ist für die Tourenplanung ein sehr wichtiger Faktor; Erfolg und Scheitern einer Gipfelbesteigung werden in vielen Fällen nur vom Wetterablauf bestimmt. Gegen schlechtes Wetter kann keiner etwas unternehmen, aber sich davon überraschen lassen – das will ein versierter Tourengeher möglichst selten erleben!

Eigene Beobachtungen

Heraufziehende Gefahren rechtzeitig vorherzusehen, dafür ist die ständige Beobachtung des Wetterablaufes unabdingbar. Es gehört stetige Übung dazu, alle Veränderungen im Auge zu behalten, sie richtig einzuschätzen und, am wichtigsten: daraus auch die richtigen Schlüsse zu ziehen! Als hilfreich erweist sich, die Beobachtungen immer genau aufzuzeichnen, damit man auch die Entwicklung der vergangenen Tage nicht außer Acht lässt. Ein wichtiger Grundsatz ist nämlich, dass ein Augenblicksbild keine richtigen Rückschlüsse ermöglicht! Man kann ein Wolkenbild, aus einem beliebigen Wetterablauf herausgegriffen, unterschiedlich interpretieren (Foto unten).

Hoch reichende Quellwolken im Hangaufwind

Erste Möglichkeit: Das Bild wurde am späten Nachmittag aufgenommen, die Entwicklung der Cumuluswolken zeigt, dass keine Schauer oder Gewitter mehr auftreten werden, da die bald einsetzende Abkühlung den weiteren Aufbau verhindert.
Zweite Möglichkeit: Unter der Annahme, dass das Foto am frühen Vormittag entstanden ist, kann man daraus nur den Schluss ziehen, dass bei weiterer Erwärmung im Laufe des Vormittags, spätestens am Nachmittag, Schauer und Gewitter auftreten werden, wenn es am Morgen schon zu dieser vertikalen Entwicklung der gezeigten Quellwolken kommt.
Die Beobachtungen müssen daher nicht nur die Tageszeit richtig einbeziehen, sondern auch die Entwicklung über den ganzen Tag; besonders wichtig ist der Vergleich mit dem Wetterablauf der Vortage. Ohne diese Kenntnis ist das Bild wieder in unterschiedlichem Sinne zu interpretieren:
Erste Möglichkeit: War es am Vortag wolkenlos, so bedeutet die Zunahme der Bewölkung innerhalb von 24 Stunden eine deutliche Abschwächung des vorher herrschenden Hochdruckeinflusses; der Trend geht eindeutig zum schlechteren Wetter.
Zweite Möglichkeit: Hat es am Vortag zu diesem Zeitpunkt geregnet, zeigt das Wolkenbild demgegenüber natürlich einen Trend zu gutem Wetter.
Auch bei allen anderen wichtigen Größen kann ich aus einer Augenblicksmessung oder -beobachtung heraus nicht auf den Gang des Luftdrucks oder die Veränderung der herrschenden Windrichtung oder -geschwindigkeit schließen, was aber wesentlich mehr Klarheit für die richtigen Schlüsse erlaubt. Eine vollständige Beobachtung baut deshalb auf folgenden Grundsätzen auf:

- der Verlauf aller beobachtbaren Größen muss kontinuierlich festgehalten werden;
- aktuelle Beobachtung mit dem Wetter der Vortage vergleichen;
- so viele andere Beobachtungen oder Messungen heranziehen wie möglich.

Zumindest zu Beginn einer längeren Tour besteht die Möglichkeit, aus den Medien eine Wettervorhersage abzufragen; mit deren Kenntnis sind die eigenen Beobachtungen des Wetterablaufs leichter in Einklang zu bringen. Die folgenden Abschnitte geben eine Anleitung für die richtige Beobachtung der selbst zu bestimmenden Größen und deren Nutzen für eine eigene Vorhersage; sie gründen auf den Darstellungen der vorangegangenen Kapitel und fassen die wichtigsten Zusammenhänge noch einmal zusammen. Auch wenn die einzelnen meteorologischen Parameter getrennt besprochen werden, ist unbedingt das Zusammenwirken aller verfügbaren Beobachtungsfaktoren notwendig. Nicht umsonst ist der griechische Begriff dafür, die Synopsis, der Namensgeber für die wissenschaftliche Wettervorhersage, die synoptische Meteorologie.

Meteorologische Größen

Windrichtung und -geschwindigkeit

Die Windrichtung kann aus der Zugrichtung der Wolken in unterschiedlichen Höhen bestimmt werden, die Himmelsrichtungen können aus einer Karte gelesen, nach dem Sonnenstand oder mit dem Kompass abgeschätzt werden. Im mittelhohen und hohen Stockwerk der Wolken ist die Strömung weitgehend unbeeinflusst von den Alpen selbst und gibt Hinweis auf die gerade herrschende Großwetterlage. Schon im Gipfelniveau und erst recht darunter wird die Windrichtung zunehmend von der Orographie, also der Struktur der Erdoberfläche beeinflusst, außerdem in hohem Maße von den lokalen und regionalen Windsystemen, die am ausgeprägtesten bei Hochdruckwetterlagen mit viel Sonnenschein sind. Besonders bei Schauer- oder Gewitterlagen haben die Richtungen der unteren Wolken mit der Verlagerung der Gewitterzellen wenig zu tun.

Die Windgeschwindigkeit ist im Bereich eines Tiefdruckgebietes immer höher als nahe einem Hochdruckgebiet, rasch ziehende Wolken in der Höhe sind deshalb Anzeichen für eine unbeständige Lage, unabhängig von der herrschenden Windrichtung.

Die Windrichtung in der mittleren Atmosphäre, also in rund 5 bis 6 km Höhe im mittleren Wolkenstockwerk, zeigt die Tendenz des derzeitigen Wetters; eine südliche bis südwestliche Höhenströmung bedeutet überwiegend eine Hebungstendenz in der Atmosphäre und damit eine ungünstige Situation. Im Winter drohen bei dieser Strömung längere Niederschläge durch ein heranziehendes Tief vor dem Höhentrog, im Sommer kräftige Cumulus-Entwicklung und Wärmegewitter und später nachfolgend eine Kaltfront. Bei einer Höhenströmung aus West bis Nordwest muss als zweites Kriterium die Windgeschwindigkeit beachtet werden. Nur bei schnellem Zug der Wolken und damit hoher Windgeschwindigkeit ist aus dieser Richtung Tiefdruckwetter zu erwarten. Bei niedriger Zuggeschwindigkeit der mittelhohen Bewölkung oder der Cirren herrscht mit der nordwestlichen Strömung vorderseitig eines Höhenrückens Hochdruckeinfluss, bei schwacher westlicher Strömung liegt der Rücken über den Alpen, das Hoch ist im Begriff, langsam nach Osten abzuwandern. Auch bei den Richtungen Nord bis Ost ist die beobachtete Windgeschwindigkeit entscheidend für das damit verbundene Wetter; jeweils niedrige Windgeschwindigkeit ist mit Hochdruckwetter verbunden, eine hohe charakteristisch für eine Stauwetterlage oder eine unbeständige Nordost- oder Ostlage.

Bewölkung

Die Bewölkung wird in der Meteorologie mit dem Bedeckungsgrad des Himmels beschrieben; der Himmel wird dabei in Achtel eingeteilt und die Wolkenmenge abgeschätzt. Zur weiteren Verfeinerung der Beobachtung im Gebirge sollten die drei Wolkenstockwerke einzeln betrachtet und der Bedeckungsgrad getrennt notiert werden. Der Vorteil ist, dass bei vielen Großwetterlagen die Wolkenentwicklung in den jeweiligen Stockwerken unabhängig voneinander abläuft und diese dadurch genauer die Entwicklung des Wetters erkennen lässt; damit verbunden sollte gleichzeitig die Feststellung der Wolkenart sein. Für die Vorhersage des kurzfristigen Wetters, vor allem im Sommer bei drohender Gewittergefahr, ist die ständige Beobachtung der Entwicklung der Wolken hinsichtlich ihrer Menge sowie ihrer horizontalen und vertikalen Ausdehnung im Tagesgang von entscheidender Bedeutung. Unbedingt mit einbezogen werden muss die Situation der Vortage, die zusammen mit anderen Faktoren wie Höhenströmung und Druckverhalten die Tendenz der herrschenden Wetterlage erkennen lässt.

Luftdruck

Der Luftdruck wird mit dem Höhenmesser bzw. ortsfest mit dem Barometer gemessen. Den absoluten Luftdruck festzustellen, ist wegen vieler äußerer Einflüsse nicht genau möglich. Nutzbringend für den Bergsteiger ist aber mehr die Drucktendenz, die entsprechend dem Abschnitt »Tiefdruckgebiet« eng mit der Verlagerung der für das Wetter entscheidenden Druckgebilde gekoppelt ist. Wie im Abschnitt »Lokale und regionale Windsysteme« erläutert, sind großräumige Druckveränderungen nur durch Beobachten der Messwerte immer zur gleichen Tageszeit möglich. Die Ablesung muss auch immer in gleicher Höhenlage erfolgen, eine Höhenveränderung von 10 m verändert den Druckwert bereits um 1 hPa.

Regeln für den Umgang mit dem Höhenmesser:

- Bleibt man an einem Ort und die Anzeige verändert sich zur größeren Höhe, so bedeutet dies Druckfall; umgekehrt heißt ein Abfallen der angezeigten Höhe, dass der Druck ansteigt.
- Die tagesperiodischen Änderungen sind den großräumigen Luftdruckänderungen im Gebirge überlagert. Sie können durch das Ablesen an jedem Tag zur gleichen Zeit weitgehend ausgeschaltet werden.
- Der Verlauf der Druckschwankungen durch Hochs und Tiefs unterscheidet sich auf den Bergen von dem im Tal; er ist nicht so stark ausgeprägt und mehr von der Temperaturänderung abhängig als im Tal. Bei Erwärmung überlagert sich steigender Druck, die angezeigte Höhe wird niedriger, bei Abkühlung überlagert sich fallender Druck auf den Bergen bei steigender angezeigter Höhe.
- Die Druckänderungen durch Hochs und Tiefs sind im Winter sehr viel ausgeprägter, im Sommer sind sie deutlich geringer, dafür ist der Tagesgang ausgeprägter als im Winter.

Tägliche Druckschwankungen

Bei den regelmäßigen täglichen Druckschwankungen infolge der Berg-Tal-Winde gilt:

- Im Tal: Wenn am Tag der Luftdruck nicht fällt, ist dies mit einem großräumigen Druckanstieg gleichzusetzen, bei gleicher Tendenz der Wetterentwicklung wird er nachts umso stärker steigen. Ist im Laufe der Nacht dagegen kein Anstieg zu erkennen, bedeutet dies großräumigen Druckfall.
- Auf den Bergen (oberhalb von ca. 2000 m): Wenn am Tag der Luftdruck nicht steigt, bedeutet dies großräumig Druckfall, bei gleicher Tendenz der Wetterentwicklung wird er nachts umso stärker fallen. Wenn er dagegen nachts nicht fällt, deutet dies auf einen großräumigen Druckanstieg hin.

Das Verhalten des Luftdrucks bei der Wanderung der Tiefdruckgebiete wurde im Abschnitt »Druckgebilde« ausführlich dargestellt. Natürlich gibt es auch für schönes Wetter entsprechende Regeln.

Der Aufbau einer stabilen Hochdruckwetterlage kündigt sich durch einen mehr als 24-stündigen Druckanstieg nach dem Durchzug einer Kaltfront an; ein kürzerer Anstieg, der schnell wieder schwächer wird, ist ein Hinweis auf ein Zwischenhoch und damit eine nur vorübergehende Wetterbesserung. Ist auf den Bergen zusätzlich zum Druckanstieg eine kontinuierliche, durch das beginnende Absinken verursachte Erwärmung zu beobachten, ist dies ein zuverlässiges Zeichen für den Aufbau einer stabilen Hochdrucklage. Ein Zwischenhoch dagegen ist in der rückseitigen Kaltluft eines Tiefdruckgebietes eingebettet und bringt auf den Bergen keine Erwärmung.

Temperatur

Die Temperatur wird mit Thermometern verschiedenster Bauart gemessen, die Einheit ist grundsätzlich °C. Regelmäßige Temperaturmessungen machen nur Sinn, wenn sie möglichst oft, aber immer am gleichen Ort durchgeführt werden können. Im Gebirge ist die Temperatur selbst bei zeitgleicher Messung unterschiedlich je nach Höhenlage, Exposition, Bewuchs, Bodenbeschaffenheit und Windexposition. Das eigene Empfinden ist auch kein Maßstab, da durch die Strahlung aus der Umgebung und den Wind eine abweichende »gefühlte Temperatur« vorgetäuscht wird. Was kann man aus einer längeren Temperaturkurve an einem Ort ablesen? Daraus ergibt sich für den Bergsteiger gleich die Frage, ob aus dem Verlauf der Temperatur Rückschlüsse auf das kommende Wetter möglich sind. Beispiele für die folgenden Wettersituationen werden dargestellt anhand des Temperaturverlaufes der beiden Wetterstationen Wendelstein und Garmisch:

- Luftmassenwechsel,
- unbeständiges Wetter,
- Schönwetterlagen,
- Gewitter.

Der erste der in der Abbildung links dargestellten drei Tage ist ein Schönwettertag mit einem ausgeprägten Tagesgang der Temperatur. Die relativ geringe Temperaturdifferenz zwischen Berg und Tal zeigt eine Inversionsbildung an. Die Kaltfront, die gegen 16.00 Uhr Garmisch überquert und gegen 18.00 Uhr den Wendelstein erreicht, bringt einen Temperatursturz von etwa 10 K in allen Höhen. Danach zeigt sich bei der unbeständigen Wettersituation im Tal ein für das Frühjahr geringer Tagesgang, der auf dem Berg gar nicht erkennbar ist. Bei starker Bewölkung und Wind werden hier in der Kurve nur die Veränderungen durch die Zufuhr zunächst kälterer Luftmassen sichtbar bis zum Minimum am Morgen des dritten Tages. Die langsame Erwärmung an der Gipfelstation auf dem Wendelstein deutet auf den Beginn einer stabilen Hochdruckwetterlage hin, verursacht durch das einsetzende Absinken. Gleichzeitig kühlt sich im Tal die Luft durch Ausstrahlung ab, die beiden Temperaturkurven nähern sich einander im Laufe der Nacht weiter an.
Die rechte Abbildung zeigt einen typischen Temperaturverlauf für den Beginn einer winterlichen Schönwetterlage. Zunächst ist es im Tal nur wenig kälter, da die Bewölkung eine starke Ausstrahlung und damit Kaltluftbildung verhindert. In der zweiten Nacht setzt dann Hochdruckeinfluss ein, erkennbar einerseits an dem beginnenden Absinken mit Erwärmung im Gipfelniveau, andererseits an der kräftigen Abkühlung im Tal, wo die ständig von den Hän-

Verlauf der Temperatur im Vergleich Berg und Tal bei unbeständigem Wetter (Kaltfront, links) und bei einem winterlichen Hochdruckgebiet (rechts)

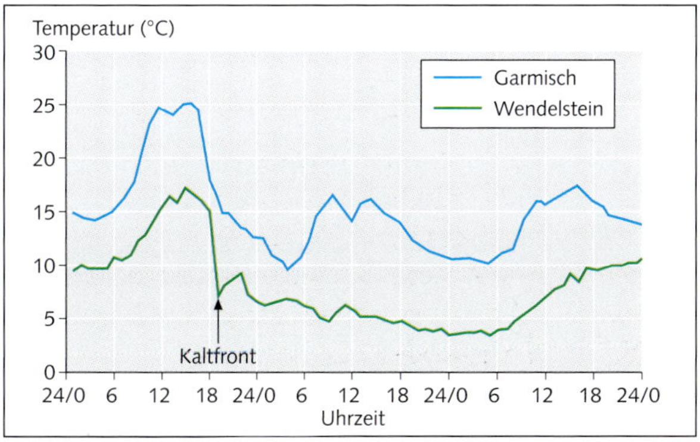

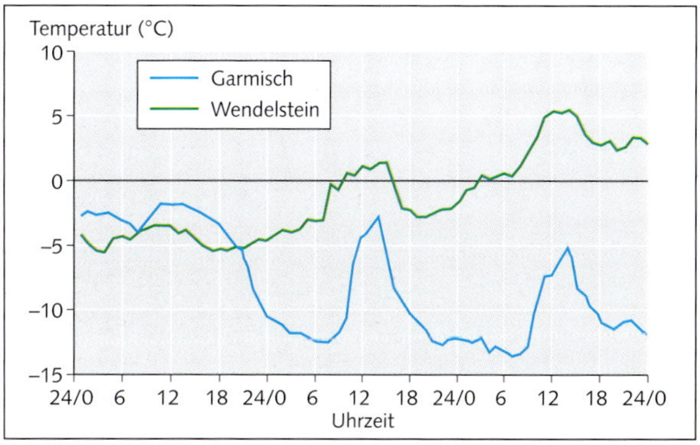

gen abfließende Kaltluft und die Ausstrahlung die Temperatur schnell absinken lassen. Die Sonne ist im Winter zu schwach, um die Inversion im Tal aufzulösen; es wird zwar über Mittag um nahezu 10 K wärmer als am Morgen, das Maximum bleibt aber noch um rund 5 K unter dem des Wendelsteins. Dort wird es durch das Absinken im stärker werdenden Hochdruckgebiet immer wärmer, überlagert vom Tagesgang der Temperatur, der etwa 5 K ausmacht, am dritten Tag sind es mittags bereits +5 °C. Im Tal mit geringer Einstrahlung wird es von Tag zu Tag kälter, die Differenzen zur Bergstation liegen am letzten Tag abends bei etwa 15 K.

Die Abbildung auf Seite 79 rechts zeigt auch Schönwettertage im Sommer mit einem Gewitter und nachfolgend etwas kälterer Luft am zweiten Tag. Der Tagesgang der Temperatur ist in Tallagen bei Sonnenschein erheblich größer als auf den Bergen; in Garmisch steigt die Temperatur von 10 °C unter einer kräftigen Inversion nachmittags nach deren rascher Auflösung auf 32 °C, am Wendelstein nur von 15 auf 22 °C an. Am zweiten Tag verläuft die Kurve ähnlich, bei aufkommender Cumulusbewölkung aber auf niedrigerem Niveau. Gegen 16 Uhr ist an beiden Stationen mit dem Gewitter ein markanter Rückgang der Temperatur verbunden, der zufällig in Garmisch der im Tagesgang zu erwartenden Abkühlung entspricht. Mit der nach dem Gewitter vorhandenen Bewölkung bleibt die Temperatur im Tal höher als auf dem Berg im Gegensatz zum Schönwetter, da sich Kaltluft nicht im Umfang wie bei klarem Himmel durch Ausstrahlung bilden kann. Eine schwache Inversion ist aber bei der geringen Temperaturdifferenz sicher anzunehmen. Deutlich zeigt der letzte Tag, dass der Tagesgang der Temperatur beim vorangegangenen Schönwetter deutlich ausgeprägter war als unter dem Einfluss eines Tiefdruckgebietes mit starker Bewölkung.

Eignung der Temperatur für die Vorhersage

Die Beobachtung der Temperatur allein ist für die Vorhersage kaum verwendbar. Die größten Veränderungen treten nämlich erst mit dem bereits vollzogenen Wetterumschwung auf, so der Rückgang der Temperatur bei einer Kaltfront. Aber auch lokale Einflüsse können die großräumigen Veränderungen überdecken und nicht klar in Erscheinung treten lassen. Dies gilt vor allem für Tallagen, die im Winterhalbjahr die Temperaturänderungen der Höhe verspätet oder manchmal gar nicht mitmachen, da sich z. B. eine kräftige Inversion halten kann.

Deshalb sind aus dem Verlauf der Temperatur nur folgende Rückschlüsse auf die augenblickliche Wetterlage und die zukünftige Wetterentwicklung möglich oder nicht möglich:

- Art der Luftmasse, Luftmassenwechsel:

Links: Etwas unterschiedlich hohe Schneegrenze im Frühjahr

Rechts: Horizontale Schneefallgrenze nach dem ersten Schneefall im Frühherbst

Jeweils im Vergleich zur Temperatur der Vortage oder bei markanten Änderungen zeigt sich vor allem auf den Bergen, ob gerade eine kalte oder warme Luftmasse wirksam ist. Dies ist im Sommer zumindest tagsüber auch für die Tallagen richtig, im Winterhalbjahr wirkt sich hier eine Erwärmung infolge der Inversionsbildung häufig später oder abgeschwächt, manchmal gar nicht spürbar aus.

- Wetteränderung: Nur aus dem Verlauf der Temperatur sind Rückschlüsse auf die Wetterentwicklung nicht möglich, die spürbaren Änderungen kommen erst mit der mit den Fronten verbundenen Verschlechterung des Wetters.
- Wolkenbildung: Auch darüber erlaubt der Gang der Temperatur alleine keine Möglichkeit der Vorhersage, dafür sind vor allem die Relative Feuchte und die Vertikalbewegungen in der Atmosphäre entscheidend.
- Art des Niederschlags: Übergänge von Regen zu Schneefall oder umgekehrt am Berg markieren an einem Standort deutlich einen Luftmassenwechsel, natürlich nur, wenn die beteiligten Luftmassen sich im Temperaturbereich um den Gefrierpunkt herum bewegen. Häufig wird die Schneefallgrenze an benachbarten Bergen sichtbar, sodass deren Änderung Rückschlüsse auf den Verlauf der Temperatur erlaubt.

Im Tal kann der Niederschlag auch von Schnee in Regen übergehen, ohne dass sich bei einer weiter bestehenden Inversion an der Temperatur viel ändert; dieser Übergang zeigt aber indirekt die Erwärmung in der Höhe.

Relative Feuchte und Wolken

Die beste Messmethode ist nach wie vor das Haarhygrometer; ähnlich gute Ergebnisse werden mittlerweile auch mit elektronischen Fühlern erreicht. Eine derartige Ausrüstung ist zur Mitnahme auf Touren natürlich nicht geeignet. Da uns die genauen Werte der Relativen Feuchte ohnehin nicht die notwendigen Hinweise auf den Wetterverlauf geben können, genügt es, die Veränderungen der Feuchte anhand eigener Beobachtungen zu verstehen. Auf Seite 14 wurde erläutert, dass die Luft Wasser in gasförmigem Zustand aufnehmen kann, den unsichtbaren Wasserdampf. Die Menge, die zur Sättigung notwendig ist, hängt hauptsächlich von der Lufttemperatur, in geringem Maße vom Luftdruck ab (siehe Grafik Seite 14). Bei aufsteigender Luft geht die Temperatur zurück, bei Erreichen des Taupunktes kondensiert der Wasserdampf zu sichtbaren Tröpfchen. Die Höhe des Taupunktes nennt man deshalb das Kondensationsniveau, das bei einer einheitlichen Luftmasse über größere Gebiete in gleicher Höhe liegt und an der Untergrenze der Cumuluswolken sichtbar wird. So wie die Temperatur pro 100 m trockenadiabatischem Aufstieg um 1 K abnimmt, wird die Relative Feuchte damit immer größer, und zwar um rund 4 % bei ebenfalls 100 m Anstieg. Damit kann man sogar die Relative Feuchte am eigenen Standort bestimmen, wenn man die Untergrenze einer Quellwolke an einem Berg feststellen kann und herunterrechnet. Beispiel: Die Untergrenze der Wolke liegt in 2 500 m, der eigene Standort ist bei 1 500 m, die Differenz von 1 000 m bedeutet, dass die Relative Feuchte am eigenen Standort etwa bei 60 % liegt. Diese Abschätzung gilt aber nur für Vertikalbewegungen beim Entstehen von Quellwolken!

Gleichmäßiges Kondensationsniveau: flache Cumuli

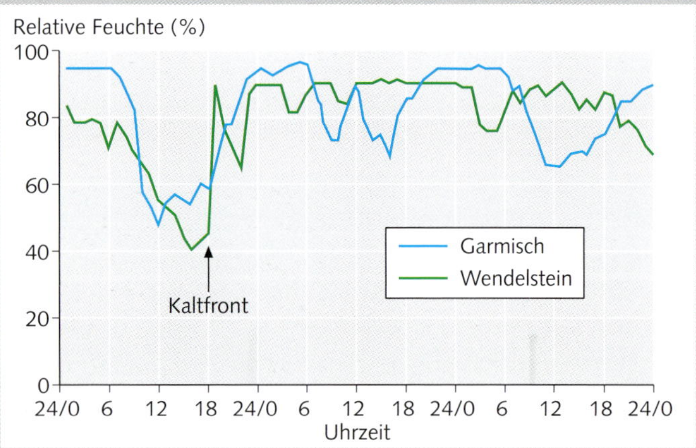

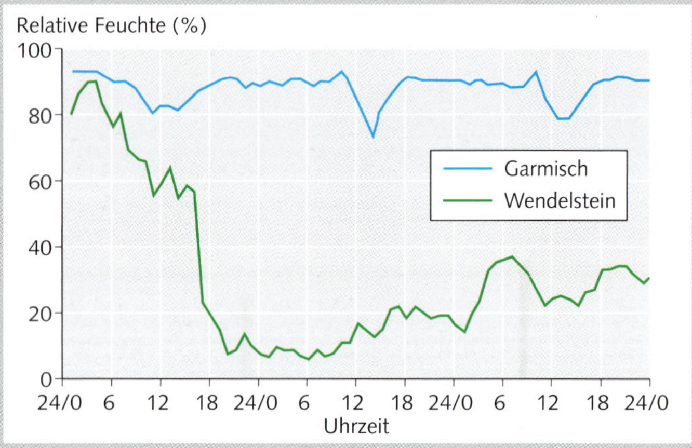

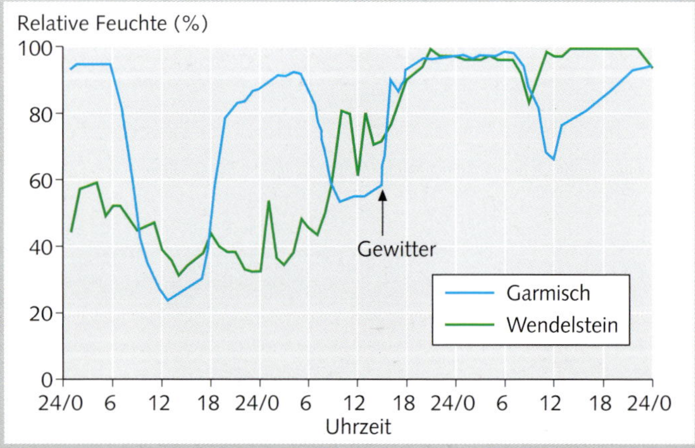

Links: Kurvenverlauf: Kaltfront (oben), bei einem winterlichen Hochdruckgebiet (Mitte) und bei Schönwetter mit Gewitter (unten)

Oben: Flache Cumuli

Mitte: Höher reichende Cumuli mit recht gleichmäßiger Obergrenze

Unten: Höher reichende Cumuli mit schon etwas unterschiedlicher Obergrenze

Relative Feuchte und Vorhersage

Was kann man aus einer längeren Kurve der Relativen Feuchte an einem Ort ablesen? Welche Rückschlüsse auf das kommende Wetter sind für den Tourengeher möglich, wenn man zum einen den Verlauf der Temperatur betrachtet und zum anderen die Entwicklung der Wolken? Zunächst werden wieder Beispiele der Relativen Feuchte für verschiedene Wettersituationen dargestellt, es sind die gleichen Tage wie beim Temperaturverlauf der beiden Wetterstationen Wendelstein und Garmisch:

- Luftmassenwechsel,
- unbeständiges Wetter,
- Schönwetterlagen,
- Gewitter.

Der Gang der Feuchte wird zunächst am ersten Tag vom Gang der Temperatur bestimmt, die Relative Feuchte geht jeweils auf einen Wert um 30 % zurück; nach Einbruch der Kaltluft mit nachfolgendem unbeständigem Wetter sind im Tal die tagesperiodischen Einflüsse durch die Temperatur bestimmend. Entsprechend den geringen Temperaturdifferenzen zwischen Tag und Nacht ist auch der Verlauf der Feuchte gedämpft. Auf den Bergen werden die geringen Schwankungen der Relativen Feuchte von den Eigenschaften der herangeführten Luftmasse bestimmt; in der Kaltluft wechseln sich Schauer mit kurzen Wolkenlücken ab, die Gipfel sind zeitweise in Wolken gehüllt. Die Feuchteänderungen sind bei unbeständiger Witterung unabhängig von der Tageszeit (siehe Abbildung Seite 92 links).

Zu Beginn der Hochdruckwetterlage ist die Luft noch sehr feucht; mit dem einsetzenden Absinken im Hoch wird die Luft auf den Bergen immer trockener. In der ersten Nacht sinkt die Relative Feuchte auf rund 10 % ab, ein Wert, der im Winter im Gebirge bei ausgeprägten Hochs mit kräftigem Absinken nicht selten ist (Abbildung auf Seite 94 links in der Mitte). Besonders im Vergleich zu den Werten der Talstation Garmisch wird der Unterschied deutlich: In der bodennahen Kaltluftschicht der Inversion hält sich relativ hohe Feuchte mit Werten um 90 %, die tagsüber mit dem relativ geringen Tagesgang der Temperatur nur wenig zurückgeht. Entsprechend dem Temperaturtagesgang hat auch die Relative Feuchte am ersten Schönwettertag in Garmisch eine große Spanne: nahezu gesättigte Luft am Morgen, am frühen Nachmittag sind es nur noch rund 25 %. Am Wendelstein bewegt sich die relative Feuchte zwischen 30 und 60 %. Am zweiten Tag vor dem Gewitter ist die Relative Feuchte am Wendelstein morgens noch so gering wie am Vortag, sie nimmt auf den Bergen tagsüber allmählich schon zu, über Mittag sind es rund 80 % gegenüber 40 bis 50 % am Vortag. Im Tal nimmt die Relative Feuchte tagsüber nicht mehr so stark ab. Die stärkste Zunahme bis nahe zur Sättigung tritt aber erst ein mit Durchgang des Gewitters (Abbildung auf Seite 94 links unten).

Änderungen der Feuchte

Wichtig für den Bergsteiger sind die Änderungen der Feuchte, die unmittelbar mit dem Entstehen der Wolken, ihren Veränderungen und deren Aussehen verbunden sind. Die enge Koppelung der Feuchte an die Temperatur bewirkt einen entsprechenden Tagesgang: Steigende Temperatur bedeutet abnehmende Feuchte und umgekehrt. Es ist deshalb zu beobachten, dass das Kondensationsniveau von vormittags entstehenden Quellwolken mit der Tageserwärmung immer höher steigt. Daraus auf eine Wetteränderung in eine bestimmte Richtung zu schließen, ist nicht möglich und voreilig, dazu müssten auch noch andere Faktoren den gleichen Trend anzeigen.

Aus dem Verlauf der Relativen Feuchte und der damit verbundenen Wolkenentwicklung sind folgende Rückschlüsse auf die augenblickliche Wetterlage und die zukünftige Wetterentwicklung möglich bzw. nicht möglich:

- Art der Luftmasse: Die Relative Feuchte alleine lässt keine Bestimmung der Luftmasse zu; die Art der Wolken gibt eher Anhaltspunkte. So ist kalte Luft rückseitig eines

Hoch reichende Cumuli, auf zunehmende Labilität hindeutend

Tiefs meist mit Quellwolken verbunden, dort treten ja auch Schauer auf. Warme Luftmassen werden meist durch schichtförmige Wolken gekennzeichnet.

- Luftmassenwechsel: Die Relative Feuchte alleine lässt keinen Luftmassenwechsel im Voraus erkennen. Bei trockenem Wetter ist der Tagesgang dominierend, vor allem im Tal ist er besonders ausgeprägt. Bei schlechtem Wetter mit Niederschlag ist die Luft meist gesättigt, die Berge sind in Wolken gehüllt. Dafür geben die Wolkenbilder eindeutige Hinweise, wie bereits bei den Fronten im Abschnitt »Tiefdruckgebiet« erläutert. Die größten Veränderungen treten erst mit dem Wetterumschwung und dem einsetzenden Niederschlag auf.
- Hochdruckwetterlagen: Das Absinken ist dominierend mit allgemein niedriger Relativer Feuchte und einem oft geringen Tagesgang auf den Bergen, dagegen großen Unterschieden zwischen Tag und Nacht im Tal. Es entstehen im Sommer zwar Quellwolken, sie bleiben aber durch das kräftige Absinken flach und lösen sich mit der am Spätnachmittag einsetzenden Abkühlung wieder auf. Sich abschwächender Hochdruckeinfluss bedeutet Nachlassen des Absinkens, die Relative Feuchte steigt auf den Bergen langsam an, gleichzeitig nimmt die Quellwolkenbildung zu. Nicht nur in der Menge der Quellwolken sind deutlich sichtbare Veränderungen von Tag zu Tag zu sehen. Das Kondensationsniveau sinkt ab (nicht die Wolke!), die Quellwolken werden immer mächtiger, ihre Obergrenze markiert nach wie vor die Grenze des Absinkens, aber in deutlich größerer Höhe. Im Winter gibt es kaum Quellwolken, die Luft auf den Bergen ist zu trocken, da die Feuchte in der bodennahen Kaltluft gefangen bleibt, die Sonneneinstrahlung ist zu gering, um die Luft zu labilisieren.
- Tiefdruckgebiet: In der Atmosphäre herrscht das Aufsteigen der Luftmassen vor, verbunden mit der allgemeinen zunehmenden Hebung und dem nachlassenden Absinken nimmt die Relative Feuchte immer weiter zu, die Quellwolken entwickeln sich im Sommer immer stärker, es kommt zunächst zu Wärmegewittern, später nähert sich die Kaltfront. Im Winter sind die Cirren die ersten Vorboten des Tiefdruckgebietes der herannahenden Warmfront.
- Niederschlag: Er kann aus dem Verlauf der Relativen Feuchte nicht vorhergesagt werden, die Tendenz dazu ergibt sich nur aus der oben dargestellten Entwicklung des Wolkenbildes. Selbst kurzfristig ist bei sommerlichen Schauern oder Gewittern nicht notwendigerweise zuvor ein Anstieg der Feuchte zu beobachten, zumindest nicht, bevor man das Niederschlagsgebiet ohnehin schon sieht. Anders bei Warmfronten im Winter; hier nimmt die Relative Feuchte mit Annäherung der Front und des Regengebietes bereits im Vorfeld zu.

Allgemeine Wetterzeichen

Die Wetterzeichen kann man einteilen in diejenigen, die meteorologischer Natur sind wie Temperatur, Relative Feuchte, Verhalten des Luftdrucks etc., wie zuvor besprochen. Es gibt aber noch eine Reihe anderer Phänomene, die landläufig gerne als Anzeichen für kommendes schönes oder (meistens) schlechtes Wetter angesehen werden, wie zum Beispiel das Auftreten bestimmter Wolken oder anderer Besonderheiten. Weiter versteht man unter Wetterzeichen die Beobachtung verschiedener Reaktionen und Vorgänge in der Pflanzen- und Tierwelt, die man in einem bestimmten Zusammenhang mit dem Wettergeschehen und natürlich der Vorhersage sehen will.
Im Folgenden werden Wetterzeichen mit zumindest teilweisem Realitätsgehalt aufgeführt.

Hof um Mond oder Sonne

Diese Erscheinung ist häufig mit Halos verbunden, der Hof ist der helle, innere Teil eines Ringes oder Kranzes um die Sonne. Er wird

hervorgerufen durch die Beugung des Lichtes an dünnen Wolkenschichten, meist einem dünnen Cirrusschleier. Natürlich wird ein Hof dann sichtbar, wenn die Cirren einer aufziehenden Warmfront vor Mond oder Sonne wandern; dann ist die Zuordnung zu einem Anzeichen für nahendes Schlechtwetter in Verbindung mit den anderen Hinweisen gerechtfertigt. Unsicher ist dieses Wetterzeichen, weil die Schleierwolken bei allen Wetterlagen auftreten können, auch bei einer beginnenden Wetterbesserung und sogar mitten in einem kräftigen Hochdruckgebiet.
Damit gilt auch für dieses Wetterzeichen, dass es nur in Verbindung mit möglichst vielen anderen Anzeichen, die aus den meteorologischen Größen abgeleitet werden können und ebenfalls einen Trend zur Verschlechterung bedeuten, sinnvoll einzuordnen ist. Am wichtigsten ist dabei die Zugrichtung und -geschwindigkeit der Cirren! Ein Hof um Sonne oder Mond zeigt uns also sicher nur das Vorhandensein von Schleierwolken oder einer anderen dünnen Wolkenschicht, ist aber alleine für sich keinesfalls in jeder Situation ein Anzeichen für schlechtes Wetter!

Morgenrot

Die Farbe Rot hat mit der Wettersituation zunächst nicht viel zu tun, sie entsteht immer bei tief stehender Sonne; der Weg der Sonnenstrahlen durch die Atmosphäre ist länger, dabei wird der kurzwellige blaue Anteil immer mehr herausgestreut, während die langwelligeren roten Strahlen übrig bleiben. Verantwortlich dafür sind neben den Luftmolekülen Staubteilchen und der Wasserdampf in der Atmosphäre. Letzterer bedingt den Zusammenhang mit dem Wetter: Je mehr Wasserdampf in der Luft ist, desto spektakulärer kann die Färbung werden, besonders wenn noch Wolken vorhanden sind. Auch die Berge erstrahlen in der roten Beleuchtung durch die Sonne im Alpenglühen. Dem Morgenrot wird allgemein untergeschoben, dass es ein Anzeichen für schlechteres Wetter ist. Dies ist zwar theoretisch richtig, wenn man den zu erwartenden Ablauf bei einer Verschlechterung betrachtet: Der Himmel im Osten ist noch wolkenfrei, sodass die dort aufgehende Sonne die von Westen herankommenden Wolken anstrahlt. Die bei uns vorherrschende Westströmung verleitet zu dem Schluss, dass diese Wolken das schöne Wetter weiter nach Osten verdrängen. Ein derartiges Bild der Bewölkung ist aber auch gegeben bei einer beständigen Schönwetterlage mit durchziehenden Wolkenfeldern, wenn zufällig bei Sonnenaufgang im Westen mehr Wolken stehen als im Osten. Der schlechte Ruf des Morgenrots ist deshalb nicht grundsätzlich gerechtfertigt, erst bei weiteren sicheren Vorboten für ein herannahendes Tief.

Abendrot

Die oft intensive Färbung des Himmels, der Wolken und der Berge am Abend hat natürlich den gleichen Grund wie beim Morgenrot.
Die Zuordnung Abendrot zu beginnendem

Links: Morgenrot bei einsetzendem Föhn mit einzelnen lenticularis-Formen im Altostratus, es folgte ein schöner Tag.

Mitte: Morgenrot im aufziehenden Altostratus und Altocumulus vor einer heranziehenden Warmfront

Rechts: Ein Hof um die Sonne in Cirren verschiedener Form über einer geschlossenen Stratocumulusdecke

Links: Abendrot an den Cirren über einer heranziehenden Altostratusschicht, nach sonnigen Tagen die ersten Anzeichen für eine Verschlechterung

Rechts: Abendrot an einer Altocumulus- und Altostratusschicht kurz nach Ende des Niederschlags bei beginnendem Hochdruck

Links: Taubildung auf einer Wiese

Rechts: Taubildung am Samenstand des Bergmanndls

Links: Reif setzt sich überall ab und zeugt von der guten Isolierung von Schlaf- und Biwaksack.

Rechts: Reif, der sich über viele Tage und Nächte hinweg auf einer Schneedecke gebildet hat

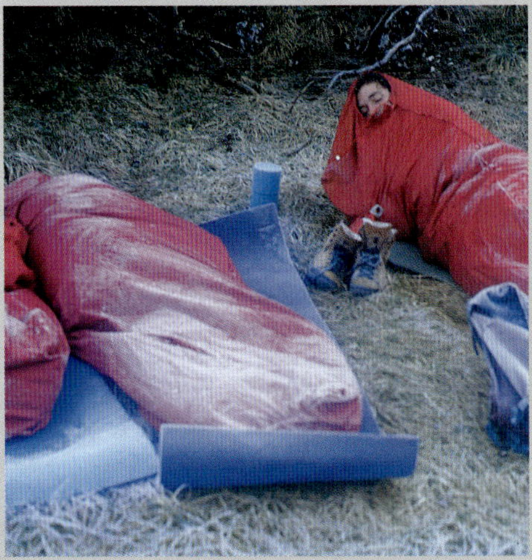

schönen Wetter ist aus der Theorie zunächst einmal richtig: Noch vorhandene Wolken eines nach Osten abziehenden Tiefs werden von Westen her von der Sonne angestrahlt, die aus dem blauen Himmel des nachfolgenden Hochs scheint. Natürlich sind solche Situationen möglich, aber häufiger tritt Abendrot auf bei unbeständiger Witterung, auch nach einzelnen Gewittern, bei der zufällig richtigen Konstellation der Wolken. Nur mit weiteren sicheren Hinweisen wie steigendem Druck oder schwächer werdender Höhenströmung aus Nordwest bis Nordost ist die allgemeine Vorhersage »Schönwetter« richtig.

Tau- oder Reifbildung

Starke oder zumindest sichtbare Taubildung wird häufig als Anzeichen für schönes Wetter gedeutet, für einen bevorstehenden schönen Tag. Kann der Tau am Morgen tatsächlich das Wetter für den Tag vorhersagen?
Die Voraussetzung für die Bildung von Tau ist ein weitgehend klarer Himmel, der so viel Ausstrahlung vom Boden in die Atmosphäre zulässt, dass die Oberfläche abkühlt und damit auch deutlich kälter wird als die darüber liegende Luft. Die direkt dem Boden aufliegende Luftschicht wird bei fortschreitender Abkühlung der Erdoberfläche und genügend großer Feuchte den Taupunkt erreichen, das »überschüssige« Wasser kondensiert dann an der kalten Oberfläche vor allem der Pflanzen zu kleinen Tautropfen. Unterschreitet die Oberfläche den Gefrierpunkt, schlägt sich Reif nieder. Im Flachland und in den Tälern ist Tau oder Reif eine fast alltägliche Erscheinung, zumindest bei wenig Wolken und Aufbau einer Inversion (wenig Luftbewegung). Auf den Bergen sind bei klarem Himmel grundsätzlich die gleichen Voraussetzungen gegeben, doch herrscht hier nicht wie im Tal praktisch Windstille, sondern es weht meistens ein spürbarer Wind, der die kalte, am Boden aufliegende Luft abtransportiert. Die Oberfläche kühlt nicht so stark ab und das Kondensieren von Wasserdampf am Boden wird häufig ganz ausbleiben, obwohl das Wetter schön bleibt. Ist es andererseits am Morgen eines aufziehenden Schlechtwetters noch klar und schwachwindig, wird wegen der wirksamen Ausstrahlung Tau entstehen, unabhängig von der Entwicklung am Tage. Sicher wird in vielen Fällen das Ausbleiben von Tau auch mit ein Anzeichen für aufkommendes schlechteres Wetter sein, aber nur zusammen mit anderen Beobachtungen wie beispielsweise aufkommendem Wind.

Trübe oder klare Luft, Sichtweite

Der in der Atmosphäre stets vorhandene Wasserdampf ist zunächst unsichtbar, zumindest in sehr sauberer Luft mit wenig festen Partikeln (Aerosolen). Der Wasserdampf kondensiert zwar an den Partikeln, ihre geringe Menge beeinflusst aber die Sicht noch nicht. Sind viele Teilchen in der Atmosphäre vorhanden, wird durch Streuung des Lichts ein Rückgang der Sichtweite verursacht; man spricht von Dunst. Je größer die Relative Feuchte ist, umso größer und mehr werden die Wassertröpfchen, die Sichtweite geht immer mehr zurück.
Im Flachland ist die Sichtweite nur selten groß, die bodennahe Atmosphäre ist meistens zu stark mit Partikeln belastet, die Grenze zur Fernsicht, die nach Definition mindestens 50 km betragen soll, wird kaum erreicht. Im Gebirge sind die Voraussetzungen bei einigen Wetterlagen besser. Besonders durch das Absinken und die dabei starke Austrocknung der Luft kondensiert kaum Wasserdampf an den ohnehin nur wenigen Partikeln, die Fernsicht kann manchmal über 250 km reichen!
Im Winter sind diese Lagen häufiger anzutreffen, oft verbunden mit einer Hochnebelschicht über dem Voralpenland an der Obergrenze der Inversion.
Auch polare Kaltluft ist sehr sauber und erlaubt gute Fernsicht; besonders in Nordeuropa ist dieses Phänomen augenscheinlich. Selbst zwischen einzelnen Schauern oder Gewittern ist die Fernsicht häufig sehr gut.
Hochdruckwetterlagen im Sommer bringen nach dem Auflösen der morgendlichen Inver-

Oben links: Am Nachmittag bilden sich kleine Quellwolken, die Sicht ist gut bei kräftigem nordwestlichem Wind.

Oben Mitte und rechts: Schauer in der rückseitigen Kaltluft eines Tiefs stehen oft isoliert; zwischen ihnen sinkt die Luft ab und führt zu guter Fernsicht.

Rechts Mitte: Am Vormittag ist die Bodeninversion auch im Sommer manchmal noch nicht abgebaut, die Luft auf Gipfelniveau ist immer noch sehr klar.

Unten links: In den polaren Regionen ist die Luft fast immer sehr klarsichtig; Grund sind wenige Partikel in der Luft.

Unten rechts: Nach Auflösung der Bodeninversion wird der Dunst und Schmutz aus den Tallagen in der höheren Atmosphäre verteilt.

sion häufig stärkeren Dunst in der Höhe, da infolge der Durchmischung die Aerosole aus der verschmutzten bodennahen Schicht bis in das Gipfelniveau und darüber hinaus aufsteigen können, im Tal bessert sich die Sicht dafür. Die hohe Verdunstung an sonnigen Tagen erhöht zusätzlich die Feuchte in der Atmosphäre.
Die Sichtweite für sich betrachtet ist, wie viele andere Vorzeichen, zunächst nur ein Hinweis auf die bestehende Wetterlage und die vorhandene Luftmasse. Im Sommer bessert sich die Sicht auf den Bergen tagsüber häufig durch zunehmenden Wind, was aber nur in Verbindung mit anderen Wetterzeichen auf die Annäherung einer Front hindeutet und einen Zusammenhang zwischen Sichtweite und Wettervorhersage ermöglicht.
Das Schlechtwetter selbst bringt uns natürlich die ungunstigsten Sichtbedingungen; starker Niederschlag, vor allem Schneefall, kann die Sicht bis auf wenige 100 m einschränken. Im Wolkennebel ist die Orientierung am schwierigsten, der Weg kann abhängig von der Menge und Größe der Wolkentröpfchen nach 50 m nicht mehr zu sehen sein, im Extremfall bereits nach 10 bis 20 m. Im weglosen Gelände ist eine Orientierung ohne Hilfsmittel kaum noch möglich.

Pflanzen und Tiere

Es gibt einige Pflanzen, deren Blüten auf die Luftfeuchte reagieren. Selten schon bei sehr hoher Feuchte, meistens erst bei aufkommendem Nebel oder Niederschlag schließen die Blütenkelche; dies ist vor allem bei einigen Enzianarten oder bei der Silberdistel, aber auch an einigen anderen Blumen zu beobachten. Wie beschrieben, steigt die Relative Feuchte erst mit beginnendem Niederschlag stark an, deshalb reagieren auch die Blüten nicht schon längere Zeit vorher. Andererseits schließen sie sich auch, wenn eine harmlose Quellwolke im Hangaufwind den Gipfel einhüllt und bei sonst schönem Wetter die Luftfeuchte nur vorübergehend erhöht. Langfristige Vorhersagen für die Witterung kommender Jahreszeiten aus

dem Blühverhalten, den Fruchtständen etc. abzulesen ist nicht möglich.
Das Verhalten der Tiere in Gebirgsregionen wird ebenfalls als Kriterium für das kommende Wetter herangezogen. Sicher reagieren die Tiere besonders auf sehr schlechtes und kaltes Wetter mit absinkender Schneefallgrenze. Gämsen und Steinböcke suchen dazu Unterstände auf, oft Felsüberhänge oder Höhlen, um sich gegen den Wettereinfluss wenigstens teilweise zu schützen. Diese Unterstände sind jedoch häufig in höheren Felsregionen zu finden; die Tiere steigen also nicht wie erwartet bei schlechterem Wetter in tiefere Lagen ab, sondern steigen aufwärts.
Auch dieses Beispiel zeigt, dass auf die meteorologischen Vorzeichen mit Sicherheit eher Verlass ist als auf die übrigen in der Natur!
Das Verhalten anderer Tiere bietet ebenso wenig Grundlagen für die kommende Wetterentwicklung.

Mondeinfluss

Viele Regeln für die Vorhersage beziehen sich auf den Mond, seine Phasen oder seine Sichtbarkeit. Am häufigsten ist die Behauptung zu hören, Vollmond bringe schönes Wetter. Hat der Mond überhaupt einen Einfluss auf das Wetter? Der große und deutlich spürbare Einfluss des Mondes, die Entstehung der Gezeiten an den Küsten der Weltmeere, verleitet zu dem Schluss, der Mond habe auf die Lufthülle ebenso große Auswirkungen. Es gibt tatsächlich einen Tagesgang des Luftdrucks, der zwei Ursachen hat: eine die ganze Erde umfassende Druckwelle mit jeweils zwei Maxima und Minima (Doppelwelle) aufgrund der täglichen Erwärmung und Abkühlung der Luft mit Schwankungen von weniger als 1 hPa sowie entsprechend den Gezeiten einen Einfluss von Sonne und Mond. Dieser ist allerdings unbedeutend und beträgt nur wenige Zehntel hPa und liegt damit noch unter den Schwankungen der Doppelwelle und erst recht unter den Veränderungen infolge des Ablaufes von Hochs und Tiefs. Irgendein Einfluss auf das Wettergeschehen ist deshalb gar nicht möglich, in vielen Untersuchungen zu diesem Thema ist es bisher auch nicht gelungen, einen Zusammenhang herzustellen.
Der Glaube, dass Vollmond schönes Wetter bringt, hat insofern einen Hintergrund, als er in seiner ganzen Pracht natürlich nur dann sichtbar ist, wenn schon schönes Wetter herrscht! Ist er von Wolken verdeckt, fällt es gar nicht auf, dass Vollmond herrscht. Zudem müsste ja überall schönes Wetter sein, was aber selbst für die Alpen nur selten in allen Gebieten zutrifft, noch weniger in ganz Deutschland und schon gar nicht in Europa. Aus den Mondphasen sind ebenfalls keine Rückschlüsse auf das kommende Wetter zu ziehen.

Links: Der sonst geschlossene Aufzug einer Warmfront – hier Cirren – ist durch Föhn weitgehend aufgelöst, das schlechte Wetter kam aber bald nach, trotz der nach oben wandernden Gämse.

Mitte: Geschlossene Blüten des Kleinen Enzians bei insgesamt unsicherem Wetter

Rechts: Silberdistel

Analyse und Abschätzung der Entwicklung

Die Vorgänge in der Troposphäre sind selbst kurzzeitig von starken Veränderungen geprägt, vor allem in einem Gebirge, das selbst in vielfältiger Weise den Wetterablauf großräumig wie auch in lokalem Umfang beeinflusst. Deutliche Abweichungen durch regionale Einflüsse sind außerdem häufig nicht in andere Gebiete der Alpen zu übertragen, spezifische Abläufe des Wetters an einem Ort können schon im nächsten Tal nicht mehr zutreffend sein. Selbst gute Ortskenntnisse verhindern keine Fehleinschätzungen, sie machen sie allenfalls seltener. Schon die richtige Einordnung der Beobachtungen braucht viel praktische Erfahrung; nur die laufende Kontrolle der Entwicklung verbessert die eigenen Vorhersagen. Schließlich ist das Wetter einer der häufigsten Risikofaktoren bei der Tourenplanung und -durchführung und oft erste Ursache eines Scheiterns.

Beobachtung und Analyse

Sicher hat man in der heutigen Zeit viel mehr Möglichkeiten, Wetterberichte in irgendeiner Form täglich abzufragen, doch so detailliert wie sich das Wetter dann im Einzelnen abspielt, kann die Vorhersage gar nicht sein. Was hilft z. B. die Aussage »Einzelne Wärmegewitter zu erwarten« für eine bestimmte Tour? Ich kann – was ohnehin immer in den Rucksack sollte – Regenschutz mitnehmen, ich kann eine Tour planen, die notfalls einen ungefährlichen Rückzug ermöglicht, doch dann hilft nur die eigene Beobachtung weiter. Die Entwicklung der Quellwolken zeitlich und räumlich – damit ist vor allem die Höhenentwicklung gemeint, aber auch die Beobachtung in alle Himmelsrichtungen – gibt mir Hinweise, wann die ersten Gewitter entstehen. Und wenn die ersten Cumulonimbuswolken am Himmel stehen, ist es wichtig, festzustellen, ob sie auch meinen eigenen Standort treffen. Gerade diese kurzfristigen Abschätzungen sind oft entscheidend! Zum einen für das Erlebnis Bergtour insgesamt, da ein durch das Wettergeschehen verursachter frühzeitiger Rückzug auch von einer Gruppe eher akzeptiert wird, wenn er nicht unverhofft hereinbricht, zum anderen manch übereilter Abstieg sich als nicht notwendig herausstellt und nachträglich für Frustration sorgt. Wie dieses Beispiel zeigt, ist eine kontinuierliche Beobachtung der Entwicklung unabdingbar. Die nachträgliche Aussage, dass das schlechte Wetter oder ein Gewitter »plötzlich« hereingebrochen sei, zeugt in der Regel von nicht ausreichender eigener Beobachtung. Bei längeren Touren ist neben der ständigen Kontrolle der Wetterentwicklung auch der Vergleich zum Vortag oder den Vortagen wichtig.
Ist ein aktueller Wetterbericht bekannt, so kann gezielt nach den Wetterzeichen Ausschau gehalten werden, die vorhergesagt sind; es ist leichter, den zu erwartenden Ablauf nachzuvollziehen und damit die Vorhersage zu »kontrollieren«. Auch eine eigene Vorhersage aufgrund sicherer oder vermuteter Entwicklungen lässt sich besser verfolgen.
Zusammenfassend die wichtigsten Faktoren einer genauen Beobachtung:

- Höhenströmung in mindestens 5 km Höhe oder darüber, dabei Richtung und Geschwindigkeit beachten: Sie zeigt den Trend der herrschenden Großwetterlage zu beständigem oder unbeständigem Wetter.
- Die Höhenentwicklung der sommerlichen Quellwolken zeigt, ob Absinken oder Hebung in der Atmosphäre überwiegt.
- Entwicklung der Wolken: Im Vergleich zu den Vortagen wird ebenfalls der Trend der Entwicklung erkennbar. Am Tourentag selbst ist der Tagesgang zu beachten, der ganze Umkreis im Auge zu behalten. Entscheidend sind die Menge der Wolken, ihre vertikale und horizontale Entwicklung und die Rückbildung ab dem späten Nachmittag
- Windrichtung und -geschwindigkeit und deren Veränderung in den unteren Höhen-

bereichen, also Tal- und Gipfelniveau, unter Berücksichtigung von lokalen und regionalen Windsystemen.

- Verhalten des Luftdrucks unter Berücksichtigung des durch das regionale Windsystem ausgelösten Tagesganges.
- Verlauf der übrigen meteorologischen Größen.
- Erkennen anderer Wetterzeichen.

Alle Beobachtungen sind ständig während einer Tour durchzuführen! Ein »Standbild« des Wetterzustandes bringt für die Vorhersage kaum Nutzen.
Dazu gehört auch die fortlaufende Kontrolle erreichbarer Wettervorhersagen.

Abschätzung der Wetterentwicklung

Aus den möglichst genauen Beobachtungen folgt naturgemäß der Wunsch, auch den weiteren Ablauf selbst vorherzusagen. Voraussetzung dazu ist, die Wetterfaktoren zusammenfassend zu betrachten, also die Synopsis.
Dabei kommt es vor, dass sich Anzeichen widersprechen; vor allem bei den allgemeinen Wetterzeichen sind nicht immer alle Hinweise in Einklang zu bringen. Im Zweifelsfall die auf Seite 103 beginnende Aufzählung heranziehen: Die wichtigsten und sichersten Hinweise sind zuerst genannt. Beispielsweise ist bei schwacher nördlicher Höhenströmung auch das Auftreten vieler Quellwolken kein Anzeichen für schlechtes Wetter, solange sie sich nicht kräftig in die Höhe entwickeln, sondern an der durch Absinken entstandenen Inversion stehen bleiben. Andererseits können sich bei einer starken südwestlichen Höhenströmung, als Anzeichen einer zu schlechtem Wetter neigenden Lage, vorhandene Quellwolken zurückentwickeln und eine Besserung vortäuschen, da mit Annäherung einer Front der Wind auflebt und die Vertikalbewegungen in der Atmosphäre vorübergehend abgeschwächt werden.
Probleme und Unsicherheiten werden sich in vielen Fällen ergeben: Die Entwicklung stimmt nicht überein mit der letzten Wettervorhersage, auch die eigene Abschätzung muss immer wieder revidiert werden. Dies passiert vor allem dann, wenn, wie in unserem Zusammenhang, die Alpen als großräumiges Hindernis die zu erwartenden Abläufe mehr oder weniger stark beeinflussen. Das Wolkenbild einer sich nähernden Front wird durch aufkommenden Föhn vorderseitig verändert, der modellhafte Ablauf bleibt aus, das schöne Wetter endet erst mit dem Durchgang der Warmfront selbst und dem damit verbundenen Rückdrehen des Windes. Umgekehrt verhindert der Nordstau die Aufheiterung und das Ende des Niederschlags in der rückseitigen Kaltluft, solange die nordwestliche oder nördliche Strömung anhält.
In einigen Fällen wird auch die Entwicklung entsprechend den Wetteranzeichen ablaufen, und doch wird sich kein nachhaltig schlechtes Wetter durchsetzen, da das Tief zu weit entfernt ist und die Auswirkungen der Front vom Hochdruckeinfluss stark abgemildert sind. Mit solchen Unvorhersehbarkeiten muss die eigene Abschätzung leben können; auch die offiziellen Wetterberichte liegen ja nicht immer richtig. Die kurzfristige Vorhersage über eine Stunde bis hin zu einem halben Tag hat hingegen wesentlich größere Chancen auf Eintreffen. Eine Vorhersage für den nächsten Tag wird mit zunehmender Erfahrung und ausdauernder Beobachtung, natürlich auch dem ständigen Lernen aus Fehleinschätzungen, immer besser werden. Zeitlich weitergehende Vorhersagen über den Tourentag hinaus oder sogar noch länger sind auch für den Experten ohne weitere Hilfsmittel nur selten möglich.

Medien

In der letzten Auflage dieses Alpin-Lehrplans gab es noch eine überschaubare Zahl von Quellen zur Abfrage von Wetterberichten, nämlich Rundfunk, Fernsehen, Zeitungen und Telefondienste. Sie stehen auch heute noch zur Verfügung, allerdings sind in einer Zeit vielfältiger Anbieter die Berichte leider nicht mehr einheitlich. Die insgesamt deutlich verbesserte

Qualität der Vorhersagen durch die Weiterentwicklung der Rechenmodelle wird durch die oft differierenden Interpretationen häufig in Frage gestellt. Der Nutzen für den Bergsteiger hat sich eher verringert, weil die speziellen Bedingungen des Bergwetters kaum noch in den Medien Rundfunk, Fernsehen oder Zeitung angesprochen werden. Es bleiben die Telefondienste: Hier gibt es in der Qualität weiterhin deutlich bessere Vorhersagen für die speziellen Belange des Alpinisten.

Telefonische Wetterprognosen

Siehe Spalte rechts oben

Internet

Daneben sind die Möglichkeiten der Information über das aktuelle und zukünftige Wetter viel größer geworden, das Internet bietet praktisch alle wünschenswerten Daten. Weltweit können aktuelle Werte abgefragt, Vorhersagemodelle im Film bis zu zwei Wochen betrachtet werden. Web-Kameras in den meisten Gebieten der Alpen und auch in anderen Gebirgsregionen holen das momentane lokale Wetter und auch die herrschenden Schnee- und Wegeverhältnisse direkt ins Haus.

Vorteile:

- umfassende Information über aktuelles Wetter und Vorhersagen, ständige Aktualisierung;
- sichtbare Information über Wetter- und Schneeverhältnisse;
- zeitlich unabhängiger Zugriff.

Nachteile:

- die Veröffentlichung der Vorhersagen über fünf Tage hinaus verleitet zu trügerischer Sicherheit;
- unterwegs ist der Zugriff auf diese Daten nur mit teurer Technik, in der Regel aber nicht möglich.

Anbieter guter Internetseiten mit umfangreicher Information finden Sie in der Spalte rechts unten.

Einbeziehen in die eigene Vorhersage

Je nach Wetterlage ist der Nutzen der Berichte aus den Medien unterschiedlich zu beurteilen. Auch für einen erfahrenen Beobachter sind wegen der schwierigen zeitlichen Vorhersehbarkeit Hinweise auf schnelle oder markante Verschlechterungen wie sommerliche Kaltfronten notwendig; der Bergsteiger kann dann auf diese Vorzeichen besonders achten und den zeitlichen Ablauf sowie das Eintreffen des schlechten Wetters leichter erkennen. Er ist jedenfalls durch die Medien auf diese gefährlichen Wetterstürze vorbereitet! Ebenso hilfreich ist eine Vorhersage, die Aussichten auf beständigen Hochdruckeinfluss verspricht. Die fortlaufende Kontrolle des Tagesganges der einzelnen Größen sollte damit übereinstimmen, die eigenen Beobachtungen können bei bekanntem Trend viel leichter eingeordnet werden.

Wesentlich mehr Gewicht kommt dem Verfolgen der Entwicklung durch den Tourengeher selbst bei pauschalen Aussagen der Wetterberichte zu, in denen von einzelnen Niederschlägen, von zeitweiligen Schauern oder Wärmegewittern gesprochen wird. Hier gibt der Wetterbericht zwar einen gewissen Trend an, bei der notwendigen Vorsicht können auch Touren geplant werden; aber eine einigermaßen genaue Vorhersage, wo und wann mit welcher Stärke die Schauer oder Gewitter eintreffen, kann nur der Bergsteiger selbst durch Eigenbeobachtung erreichen. Wichtig: Auch wenn dies oft nur kurzfristig möglich ist, fühlt sich besonders eine Gruppe sicherer, wenn sie auf solche Ereignisse von ihrem Leiter vorbereitet ist. Genauso müssen die Informationen aus dem Internet als Stütze der eigenen Abschätzung verwendet werden. Je weiter ein Wetterbericht zurückliegt, desto schlechter wird die Güte der Vorhersage. Lässt sich das Wetter über zwei bis drei Tage noch gut vorhersagen, ist für Zeiträume von bis zu fünf oder sechs Tagen nur noch eine Trendvorhersage möglich; Vorhersagen über darüber hinaus gehende Zeiträume sind nicht möglich und unseriös.

Telefonische Wetterprognosen:

Alpine Auskunft des DAV:
089/29 49 40 0190/ 1160
-17 Schweizer Alpen
-18 Ostalpen
-19 Bayerische Alpen

Österreichischer Alpenverein:
(0043)/(0)5 12/29 16 00
(derzeit Mo. bis Sa. 13–18 Uhr)

Wetterdienststelle Innsbruck:
(0043)/(0)5 12/28 55 98

Aus Österreich: 09 00/530 166

Wetterdienststelle Salzburg:
(0043)/(0)6 62/62 63 01 20

Aus Österreich: 09 00/53 01 55

Für Kärnten: 09 00/53 01 77

Für die Steiermark: 09 00/53 01 88

Schweiz (innerschweizerisch):
09 00/16 23 33

In Südtirol (vom Band):
00 39/04 71/27 11 77 und 27 05 55

Persönliche Beratung:
0039/04 71/41 47 41

Die amtlichen Wetterdienste der Alpenländer:

Deutscher Wetterdienst:
www.dwd.de

Österreichischer Wetterdienst:
www.zamg.ac.at

Nationaler Wetterdienst der Schweiz:
www.meteoschweiz.ch

Hydrographisches Amt Südtirol:
www.provinz.bz.it/hydro

Andere Anbieter mit umfangreichen Informationen:

www.wetteronline.de

www.wetter.com

www.wetterzentrale.de

www.wolkenatlas.de
(mit zahlreichen Wolkenbildern)

www.meteorisk.info

Die Wetterseiten der Alpenvereins-Internetseiten

Alpine Gefahren

Das Auseinandersetzen mit dem Wetter in den Bergen hat natürlich den Wunsch als Antrieb, eine Bergtour auch vom Wetteraspekt her zu einem positiven Erlebnis werden zu lassen. Leider haben schon viele erfahren müssen, dass ungenügende Vorbereitung und mangelnde eigene Kenntnisse rasch in Situationen führen können, die nicht nur das Erlebnis Berg vermiesen, sondern Gefahr für Gesundheit und Leben mit sich bringen.

Direkte Gefahren

Eine große Zahl der Bergunfälle ist auf die Auswirkungen des Wetters, entweder direkt oder auch indirekt, zurückzuführen. Dieses Kapitel bringt eine Zusammenstellung der Gefährdung durch bestimmte Vorgänge im Wettergeschehen, ihre Auswirkungen auf den Menschen und die Wetterlagen, bei denen sie häufig auftreten. »Großwetterlage« gibt an, bei welcher Wetterlage die Gefährdung am ehesten eintritt. Der Punkt »Verhalten« gibt Hinweise, wenn die gefährdende Situation trotz aller Voraussicht eingetreten ist; in gleicher Weise sind die Vorbeugemaßnahmen zu verstehen.

Starke Schneeverfrachtung bei heftigen Föhnsturm: Alles ist fliegender Schnee!

Wind, Sturm

Gefahren:
- Direkte Krafteinwirkung: Die Fortbewegung wird erschwert, an exponierten Stellen (Grate, Kämme, Wände) besteht die Gefahr, dass der Bergsteiger/Kletterer den Halt verliert, besonders durch Sturmböen.
- Düseneffekte: In Scharten und Sattellagen treten extreme Windgeschwindigkeiten auf.
- Auskühlung: Hohe Windgeschwindigkeiten können wie z.B. beim Motorradfahren selbst bei sonst angenehmer Temperatur den Körper stark auskühlen; besonders bei niedriger Temperatur und gleichzeitigem Niederschlag und durchnässter Kleidung (zusätzliche Abkühlung durch Verdunstung).
- Steinschlag: Im steilen Gelände können zumindest kleinere Steine durch Sturm abgeweht werden.
- Waldgebiet: Äste oder sogar Bäume können abbrechen oder umstürzen.
- Schneeverfrachtung: Es werden oft erhebliche Mengen von Lockerschnee verblasen, was zum gefährlichen Triebschnee und zu hoher Lawinengefahr führt.

Großwetterlage:
Im Sommer Gewitter und Kaltfronten, im Winter alle Tiefdrucklagen und Fronten, auch bei Schönwetter durch Föhn.

Verhalten:
- Wärmende und winddichte Kleidung anziehen, wenn notwendig Regenschutz
- Windgeschützte Bereiche aufsuchen
- Wände, Steilhänge und Wälder meiden

Vorbeugen:
- Richtige Kleidung und Regenschutz einpacken

Temperatur

Gefahren:
- Auskühlung: Je niedriger die Temperatur, desto stärker ist die Auskühlung des Körpers,

besonders bei Sturm, Niederschlag und Durchnässung der Kleidung mit zusätzlicher Abkühlung durch Verdunstung. Die körperliche Leistung wird beeinträchtigt. Bei extrem niedrigen Werten sind Erfrierungen möglich.
- Vereisung: Sie entsteht bei rasch unter den Gefrierpunkt abfallender Temperatur und vorangegangenem Regen. Sie macht eigentlich einfache, felsdurchsetzte Abschnitte manchmal unpassierbar; vor allem in Felswänden und im kombinierten Gelände kritisch. Vereisung kommt auch bei schönem Wetter durch Schmelzen des Schnees oder der Schneeoberfläche in der Sonne und Wiedergefrieren in der Nacht vor.
- Vereisung an dauerhaft nassen Stellen bei gleichzeitig anhaltendem Frost.
- Kreislaufprobleme: Bei hoher Temperatur und Sonneneinstrahlung mit starkem Schwitzen verliert der Körper rasch viel Flüssigkeit. Es folgen möglicherweise Kreislaufprobleme, Sonnenstich, Hitzschlag.
- Weicher Schnee erschwert das Fortkommen.

Großwetterlage:
Auskühlung und Vereisung bei Kaltfronten im Sommer, Erfrierungen im Winter bei extremer Kaltluft oder kalter Luft mit hoher Windgeschwindigkeit; hohe Temperatur tritt auf bei Hochdruckwetterlagen im Sommerhalbjahr mit warmer Luft auch in der Höhe und schwachem Wind.

Verhalten:
- Bei Auskühlung wärmende Kleidung
- Bei vereistem Gelände sehr vorsichtig gehen, wenn notwendig Stufen schlagen und sichern
- Bei zu hoher Temperatur Schatten suchen oder schaffen, viel Flüssigkeit zuführen
- Bei weichem Schnee abwechselnd spuren

Vorbeugen:
- Genügend Kleidung mit sich führen, bei möglicher Vereisung entsprechende Ausrüstung dabei haben
- An heißen sonnigen Tagen Südanstiege meiden und frühzeitig aufbrechen
- Sonnenschutz rechtzeitig verwenden
- Genügend zum Trinken dabei haben, Bäche und Brunnen nutzen, aber auf Sauberkeit achten

Expertentipp

Bei Gruppen sind häufig Personen mit sehr unterschiedlichem Kälte- und Hitzeempfinden dabei; bei Sonnenstrahlung im Winter werden tiefe Temperaturen meist unterschätzt.

Niederschlag

Gefahren:
- Auskühlung des Körpers
- Nässe, Vereisung, Schneebedeckung: Sie führen zu deutlicher Erhöhung des Schwierigkeitsgrades einer Tour, Altschneefelder werden in nordseitigen Steilhängen oder tiefen Rinnen sogar im Sommer zu Gefahrenpunkten.
- Schlechte Orientierung: Eine höhere Schneedecke erschwert oder verhindert das Auffinden des Weges, starker Schneefall kann die Sichtweite stark herabsetzen, Gewitterregen behindert die Sicht.

Wechtenbildung über einen Winter hinweg

- Lawinengefahr im Winter durch große Neuschneemengen, Schneeverfrachtung.
- Hochwasser: Durch Starkregen in Gewittern oder Dauerregen werden kleine Bäche zu tosenden Wassern, sonst trockene Rinnen oder Kamine werden zu Wasserfällen, größere Bäche können bei Hochwasser Wege versperren.
- Hagel: Der Durchmesser der Hagelkörner kann mehrere Zentimeter betragen.
- Steinschlag: Direkt durch Niederschlag oder durch rasch überall entstehende oder anschwellende Wasserläufe kann Steinschlag ausgelöst werden.
- Hoher Wasserstand in Bächen möglich durch Schnee- und Gletscherschmelze.

Großwetterlage:
Lokale Starkregen und Hagel bei Gewitter, Dauerregen oder -schneefall bei Staulagen und Vb-Lage (Genua- oder Adriatief).

Verhalten:
- Entsprechende Kleidung, notfalls geschütztes Gelände aufsuchen
- Bei schlechten Wegverhältnissen Umwege in Kauf nehmen
- Bei hoher Schneedecke zusätzliche Hilfsmittel zur Orientierung einsetzen wie Kompass oder GPS
- Hohe Sorgfalt bei der Routenwahl im Winter bei hohen Neuschneemengen

Vorbeugen:
- Kleidung und Regenschutz mitführen
- Karte, Kompass, Höhenmesser, GPS mitführen

Nebel

Gefahren:
- Orientierung: In jedem Gelände erschwert Nebel das problemlose Auffinden des weiteren Weges vor allem bei weglosem Gehen. Bei tief liegenden Wolken und bestimmten Beleuchtungsverhältnissen kann es im schneebedeckten Gelände zum »White-out« kommen, Konturen der näheren Umgebung und der Horizont sind nicht mehr zu erkennen, im Extremfall ist gar keine Orientierung mehr möglich.
- Rettung: Wird Hilfe notwendig bei einem Bergunfall, ist Rettung aus der Luft nicht möglich; das Auffinden der Unfallstelle

Im dichten Nebel, Untergrenze der Wolke knapp unterhalb der Gipfel

allgemein gestaltet sich schwierig und wird nachts unmöglich.

Großwetterlage:
Bei fast allen Wetterlagen möglich, längere Andauer besonders bei niederschlagsreichem Wetter, auch in den jeweiligen Staulagen. Kurzzeitig ist Nebel bei Schauern oder Gewittern, aber auch bei Hochdruckwetterlagen durch Gipfelwolken in der Thermik möglich.

Verhalten:
- Besonders auf Wegführung achten, Karten, Kompass und/oder GPS nutzen
- Nicht im weglosen Gelände gehen

Vorbeugen:
- Genannte Hilfsmittel mitführen
- Tourenplanung nicht auf wegloses Gelände ausdehnen

Wärmegewitter

Gefahren:
- Starke Niederschläge: Es herrscht lokale Hochwassergefahr, Murenabgänge sind möglich
- Hagel
- Direkte Krafteinwirkung durch Sturm
- Blitze: Direkte Blitzeinwirkung oder indirekte durch hohe Schrittspannungen im Nahbereich einer Einschlagstelle
- Psychische Belastung: Manche Menschen neigen bei nahen Blitzeinschlägen oder lautem Donner zu Panikreaktionen, was in einer Gruppe problematisch werden kann, verstärkt durch die anderen unangenehmen Begleiterscheinungen im Gewitter.
- Steinschlag

Großwetterlage:
Bei abschwächendem Hochdruck und nachlassendem Absinken in der Atmosphäre, also in der südwestlichen Höhenströmung vor einem Trog.

Kaltfrontgewitter, »Wettersturz«

Gefahren:
- Direkte Krafteinwirkung durch Sturm
- Starkregen, in höheren Lagen Schneefall
- Auskühlung des Körpers: Durch Temperatursturz, besonders spürbar bei Sturm und gleichzeitigem Durchnässen der Kleidung, Sinken der Nullgradgrenze bis 2 000 m möglich
- Schlechte Orientierung durch Nebel
- Schlechte Orientierung durch Neuschneedecke: Auch bei sommerlichen Kaltfronten kann die Schneefallgrenze unter 2 000 m absinken, in Extremfällen schon bis 1 200 oder sogar 1 000 m.
- Vereisung der Felsen und Wege
- Lokales Hochwasser und Auslösen von Muren möglich
- Steinschlag
- Blitzeinwirkung
- Psychische Belastung
- Wird Hilfe notwendig bei einem Bergunfall, ist Rettung aus der Luft nicht möglich, das Auffinden der Unfallstelle gestaltet sich schwierig.

Großwetterlage:
Massive Kaltfronten mit starkem Rückgang der Temperatur, vor allem im Sommer.

Verhalten bei allen Gewittern
- Meiden von exponierten Stellen, von Rinnen und Wasserläufen, ausreichende Entfernung von nassen Wänden und frei stehenden Felsen, Schrittspannung vermeiden, von Drahtseilen wegbleiben, nicht auf den Boden legen.
- Da fast alle anderen Gefahren beim sommerlichen Wettersturz mit auftreten, dort gegebene Verhaltensregeln beachten!

Vorbeugen:
Gewitter sind natürlich nicht zu vermeiden, deshalb ist bei Wärmegewittern das rechtzeitige Erkennen und das Verfolgen ihrer Zugbahn wichtig; bei drohenden Kaltfronten und

vor allem ihrer intensiven Variante »Wettersturz« ist es häufig vorzuziehen, auf Touren zu verzichten, zumindest keine längeren oder schwierigen Unternehmungen zu planen! Der Wettersturz vereint einen Großteil der genannten Gefahren und ist letztlich als Auslöser vieler Unfälle zu sehen. Praktisch ebenso gefährlich ist es, unmittelbar nach erfolgtem Wettersturz in große Höhen aufzusteigen und sich wissentlich den immer noch vorhandenen Gefahren auszusetzen! Weniger Geübte werden dadurch häufig überfordert.

Sonne, Strahlung, UV-Licht

Gefahren:

- Sonnenbrand, Schneeblindheit
- Kreislaufprobleme, Sonnenstich, Hitzschlag, besonders bei geringem Wind
- Mit der Höhe steigender UV-Anteil, pro 1 000 m um 10 bis 15 %
- Reflexion an hellen Oberflächen wie Kalkgestein oder Schnee (bis zu 80 % der einfallenden Strahlung), an unter dem Alpinisten liegenden Wolkenoberflächen, dadurch Einstrahlung von mehreren Seiten
- Streuung im Nebel: Steht ein Bergsteiger im Nebel, der von der Sonne durchdrungen wird, bekommt er durch Streuung die Strahlung von allen Seiten ab.
- Zunehmende Ozonbelastung in der Höhe

Verhalten:

- Unbedingt Sonnenschutzmittel verwenden, besonders in größerer Höhe und auf Schnee
- Sonnen- oder Gletscherbrillen, bei längerem Aufenthalt Sonnenhut aufsetzen
- Bei beginnenden Auswirkungen Schatten aufsuchen oder schaffen
- Ausreichend Flüssigkeit zuführen

Vorbeugen:

- Sonnenschutz, Sonnenbrille, Sonnenhut unbedingt dabei haben, auch wenn bewölkter Himmel erwartet wird; durch dünne Wolken, vor allem Cirren, geht die Strahlung fast ungehindert hindurch.
- Sonnenschutz vor Beginn der Tour auftragen, mindestens Schutzfaktor 15, bei empfindlicherer Haut mindestens Schutzfaktor 20
- Die Haut von Kleinkindern, die grundsätzlich besonders empfindlich ist, möglichst nicht der prallen Höhensonne aussetzen.
- Im Hochsommer möglichst keine längeren Südanstiege planen oder sehr früh losmar-

Neuschnee und Nebel

schieren, beim Klettern Südwände meiden, der Fels kann sehr heiß werden.

Indirekte Gefahren

Steinschlag

Wegen des relativ häufigen Auftretens bereits mehrfach bei den direkten Gefahren genannt; kann (was die Wettereinwirkungen angeht) Steinschlag ausgelöst werden durch Sturm, Starkregen oder Blitzeinschlag, infolge der zunehmenden Erwärmung auch spontan und großflächig. Meistens wird Steinschlag jedoch durch den Wechsel von Frost und positiver Temperatur oder auch nur von starken Schwankungen der Temperatur und/oder der Sonneneinstrahlung ausgelöst. In die Felsspalten eindringendes Wasser dehnt sich beim Gefrieren aus, sprengt und lockert das Gestein, beim Auftauen verlieren die gelockerten Materialien ihren Halt. Besonders gefährdet sind Rinnen, Schluchten und Kamine.

Muren

Im Unterschied zum Bergsturz sind Muren wasserreiche Schutt- und Schlammströme, die je nach den Gegebenheiten mehr oder weniger rasch fließen. Vor allem nach Starkregenfällen löst sich das mit Wasser übersättigte Gesteins- und Erdmaterial und gleitet talwärts; meist geschieht dies entlang von Bachbetten. Eine Gefährdung von Bergsteigern ist deshalb hier am ehesten gegeben. Sehr langsam abgleitende Schuttströme, in denen der Anteil des Wassers deutlich niedriger liegt, stellen in der Regel keine unmittelbare Gefahr dar.

Schnee und Eis

Diese Faktoren erschweren sonst leichte Touren oft erheblich und bringen vor allem unerfahrene Geher in gefährliche Situationen, gerade im Sommer bei Wetterstürzen. Dazu zählen Neuschnee oder Vereisung alleine und besonders eine Kombinationen aus beiden. Abwechselndes Tauen und Wiedergefrieren führen häufig zu täglicher Neubildung der Glätte. Nordseitig lösen sich Schnee und Eis an klaren Tagen selbst bei positiver Temperatur nur langsam.

Lawinen

Die Entstehung und Auslösung von Lawinen steht immer in engem Zusammenhang mit den vorangegangenen meteorologischen Verhältnissen. Der Aufbau der Schneedecke, die Abfolge und Stärke von Neuschneefällen, der Verlauf der Temperatur in jeder einzelnen Phase spielen eine Rolle, ebenso die Häufigkeit von Reifbildung und vor allem die Windverhältnisse über einen längeren Zeitraum. Die gesamte Problematik der Lawinen ist im Alpin-Lehrplan 4 dargestellt.

Nasse

Die Rutschgefahr auf nassem Untergrund einzuschätzen braucht viel Erfahrung. Besonders gefährlich ist Gestein, das bewachsen oder erdig ist, da es sehr lange feucht bleibt und die Oberfläche schmierig wird. Nach Niederschlag tritt die Gefährdung überall auf, vor allem in Steillagen mit Wechsel von Gras und Fels ist sie am größten. Am längsten hält sich die Feuchte in schattigen und windgeschützten Lagen.

Schnee und Eis erschweren das Gehen.

Orientierung im Gebirge

Grundlagen der Orientierung

Das Kartenlesen ist die wichtigste Voraussetzung für erfolgreiche Orientierung. Der Gebrauch technischer Hilfsmittel wie Kompass oder Höhenmesser, aber auch GPS, baut auf dem sicheren Umgang mit Kartenmaterial auf. Wer gut Karten lesen kann, ist in der Lage, aus dem Kartenbild eine räumliche Vorstellung des Geländes zu entwickeln, sowie umgekehrt Geländeformen in ein abstraktes Kartenbild umzudenken. Voraussetzung für diese Fähigkeit ist die Kenntnis der kartografischen Gestaltungsmittel, insbesondere der Höhenliniendarstellung.
Neben dem Kartenlesen ist ein gewisses technisches Verständnis für die Funktion von Kompass, Höhenmesser und ggf. GPS hilfreich.

Karte

Bei »Karte« denkt ein Bergsteiger primär an die topografischen Blätter der Alpenvereins-Kartografie oder an die Schweizer Landeskarten. Die AV-Karten decken viele Gebiete der nördlichen Kalkalpen und der Zentralalpen ab. Die einzelnen Blätter grenzen nicht systematisch aneinander. Sie versuchen vielmehr ein zusammengehörendes Gebiet zentral zu erfassen.
Dagegen sind die Schweizer Landeskarten flächendeckend angeordnet. Beide Systeme haben Vor- und Nachteile. Entweder es fehlt immer mal wieder ein gewünschtes Gebiet, oder man benötigt bis zu vier Karten, wenn man sich gerade im Kreuzungspunkt befindet. Das letztere Problem kann man lösen, wenn man die Karten in digitaler Form besitzt: Man druckt den benötigten Abschnitt aus.

Streckentabelle für die in topografischen Karten wichtigsten Maßstäbe

Maßstab	Strecke Karte	Strecke Natur
1:25 000	1 mm	25 m
	4 mm	100 m
	1 cm	250 m
1:50 000	1 mm	50 m
	4 mm	200 m
	1 cm	500 m

Maßstab

Der Maßstab ist definiert als die Kartenstrecke geteilt durch die entsprechende Strecke in der Natur. Man erhält die Strecke in der Natur, indem man die Kartenstrecke mit der sogenannten Maßstabszahl multipliziert.

Maßstab = 1 : Maßstabszahl = Strecke Karte : Strecke Natur

Strecke Natur = Kartenstrecke × Maßstabszahl

Kartenstrecke = Strecke Natur × Maßstab

Je größer der Maßstab, desto mehr Einzelheiten können in der Karte dargestellt werden. Der Maßstab von AV-Karten beträgt 1:25 000 bzw. bei einigen Blättern 1:50 000. Die Schweizer Landeskarten gibt es sowohl in 1:25 000 als auch in 1:50 000. Um sich mit der Karte zu orientieren, ist ein Maßstab 1:25 000 zweckmäßig. Bei 1:50 000 können viele Details nicht mehr erkannt werden. Wanderkarten dieses Maßstabs (Äquidistanz 100 m) sind also wenig geeignet. Lediglich die Schweizer Landeskarten 1:50 000 sind immer noch sehr akzeptabel.
Beispiel (siehe Seite 116): Die Entfernung zwischen Risserkogel und Lahnerkopf beträgt 5,9 cm auf der Karte.
Strecke Natur = Strecke Karte × Maßstabszahl = 5,9 cm × 25 000 = 147 500 cm = 1475 m.
Dasselbe Resultat erhält man unter Verwendung einer sogenannten Maßstabsleiste. Sie ist z. B. auf dem AV-Planzeiger enthalten (siehe Seite 129/130). Mit ihrer Hilfe kann man die Entfernung direkt in km angeben.
Durch die Tatsache, dass Karten verebnet sind, stimmt die Luftlinie zwischen zwei Punkten

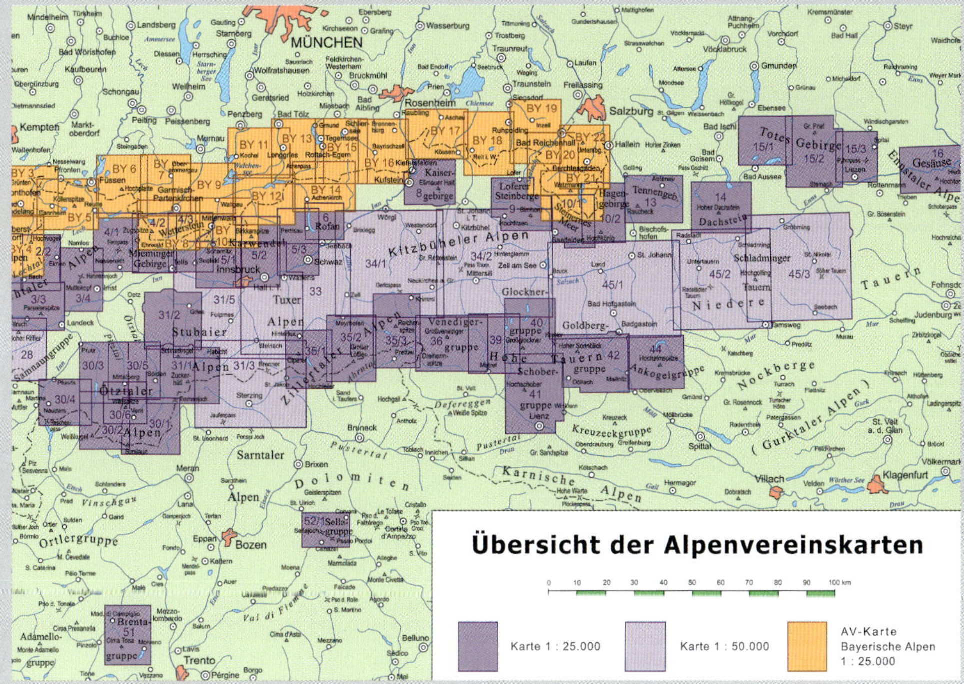

Übersichtsplan der Alpenvereinskarten (Abdruck mit freundlicher Genehmigung des Deutschen Alpenvereins und des Österreichischen Alpenvereins)

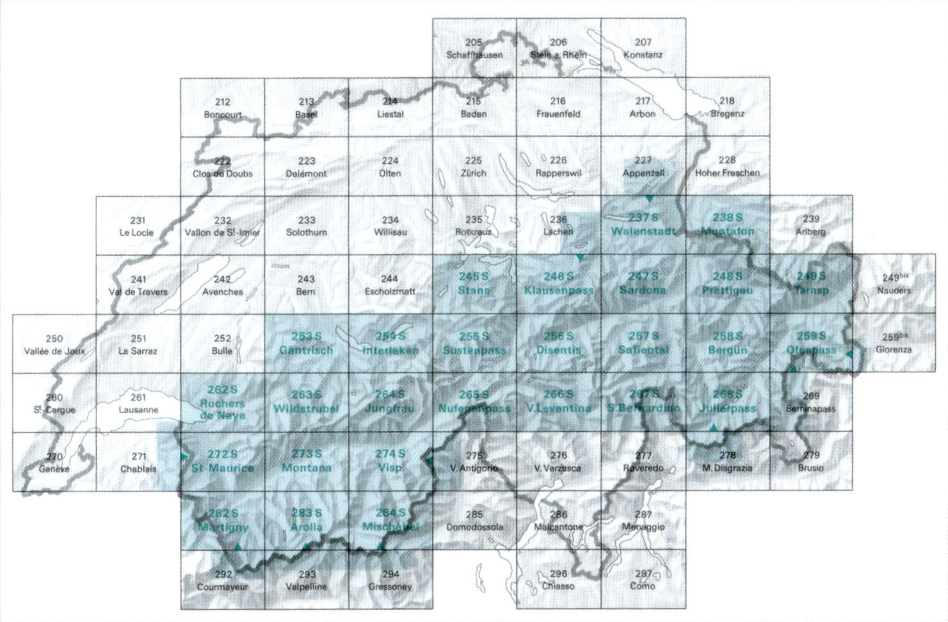

Schweizer Landeskarten 1:50 000. Blaue Bereiche auch als Skitourenkarten erhältlich (Reproduziert mit Bewilligung von swisstopo)

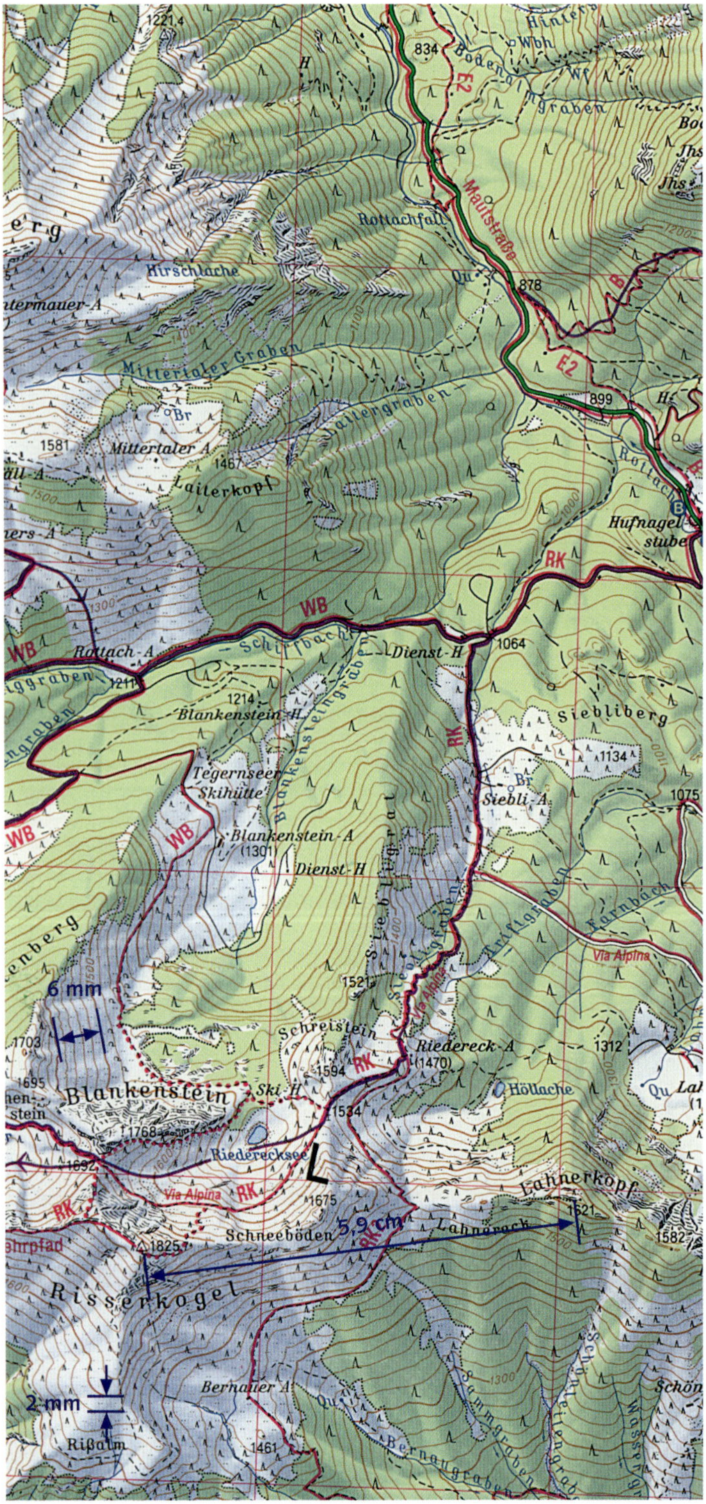

Links: Ausschnitt AV-Karte 7/1 Tegernsee (Abdruck mit freundlicher Genehmigung des Deutschen Alpenvereins)

nur dann exakt, wenn beide Punkte die gleiche Höhe aufweisen. Je größer der Höhenunterschied, desto größer auch der Fehler zwischen der aus der Karte ablesbaren Entfernung und der tatsächlichen Entfernung. Die tatsächliche Entfernung könnte man zwar grafisch oder rechnerisch ermitteln, es gibt dafür in praktischer Hinsicht aber keinen Bedarf.

Genaue tatsächliche Entfernungsangaben werden für Streckenmessungen benötigt. Diese wiederum spielen nur in speziellen Orientierungssituationen eine Rolle – etwa, wenn man bei Nebel auf einem flachen Gletscherplateau nach einem Kilometer abbiegen muss. Hier stimmen die aus der Karte ablesbaren Entfernungen mit hinreichender Genauigkeit. Ist das Gelände steiler, orientiert man sich mit dem Höhenmesser.

Der Luftlinie folgt man ausschließlich beim Gehen nach Richtungszahl. Ansonsten läuft man z. B. einen kurvigen Weg entlang oder zieht eine geländeangepasste Skispur mit Bögen und Kehren. Sofern man gekrümmte Wegverläufe messen möchte, kann man einen Zirkel benutzen. Man stellt ihn auf eine definierte Entfernung ein und greift die zu messende Strecke in Zirkelschritten ab. Da Fehler der Zirkelöffnung jedes Mal wirksam werden und sich somit summieren, sollte die Zirkelöffnung nicht unter 1 cm betragen und möglichst genau eingestellt sein. Bei diesem Verfahren gilt:

Weglänge = Zirkelöffnung × Anzahl Zirkelschritte × Maßstabszahl

Alternativ sind gekrümmte Streckenmessungen mit einem Kurvenmesser möglich. Man rollt das am Gerät angebrachte kleine Rädchen entlang der gewünschten Strecke über die Karte und kann die Entfernung direkt an einer Skala ablesen (Achtung, Skala des richtigen Maßstabs wählen).

Noch einfacher ist es, die Strecke zu schätzen. Wie bereits erwähnt, sind Streckenmessungen im Rahmen praktischer Orientierung nur selten erforderlich. Benötigt man sie, dann nur in flachem Gelände und immer im Zusammenhang mit einer Richtungszahl, also bei geradlinigem Routenverlauf. Messungen gekrümmter Wegstrecken dienen insofern nur der persönlichen Vorinformation und der Zeitkalkulation (siehe Seite 136). In beiden Fällen müssen sie nicht auf den Meter genau sein, so dass eine Schätzung ausreicht. Außerdem ist zu beachten, dass Karten immer eine gewisse Generalisierung aufweisen. Kleinere Wegserpentinen können vernachlässigt sein.

Höhenlinien

Höhenlinien (Isohypsen, Schichtenlinien) sind gedachte Linien, die alle benachbarten Geländepunkte gleicher Meereshöhe miteinander verbinden. Der vertikale Abstand zwischen zwei Höhenlinien heißt Äquidistanz. In den Schweizer Landeskarten und den meisten AV-Karten beträgt die Äquidistanz 20 m. Die italienischen Tabacco-Karten benützen eine Äquidistanz von 25 m. Dies kann leicht dazu führen, dass ein auf 20 m geeichter Kartenleser das Kartenbild flacher interpretiert als das Gelände wirklich ist. In den Karten des Österreichischen Bundesamtes für Eich- und Vermessungswesen (BEV) beträgt die Äquidistanz wie bei den AV-Karten 20 m. Achtung: Zu Italien gehörende Kartenabschnitte sind mit 25 m dargestellt. Es gibt also unterschiedliche Äquidistanzen in ein und demselben Kartenblatt. Gleiches gilt für AV-Karten, die auf Karten des Österreichischen Vermessungsamtes basieren (z. B. 31/3, Brennerberge).

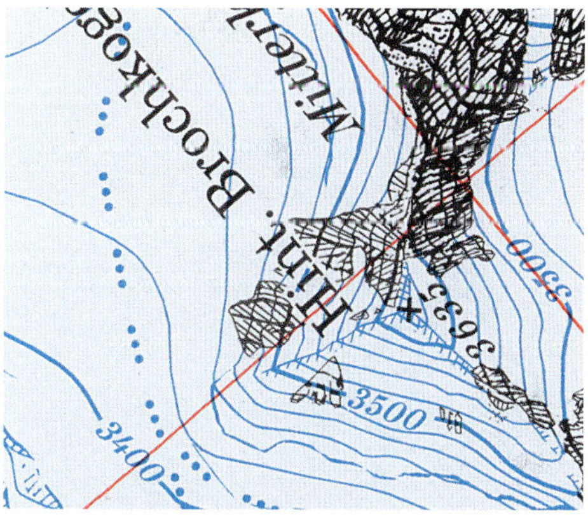

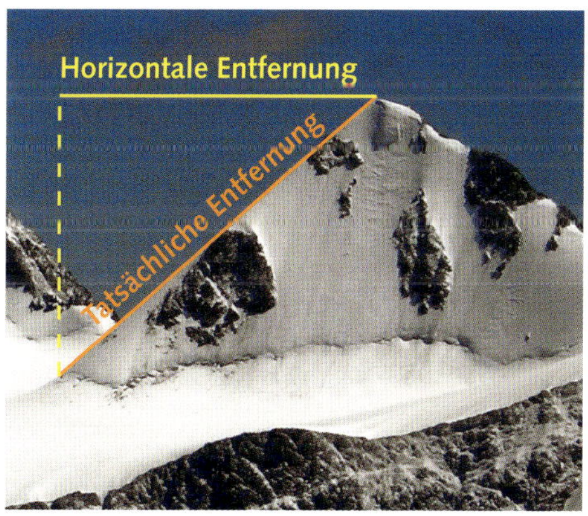

Links: Ausschnitt AV-Karte 30/2 Ötztal 1:10 000 (Abdruck mit freundlicher Genehmigung des Österreichischen Alpenvereins)

Rechts: Brochkogel NO-Grat. Die tatsächliche Entfernung ist größer als die horizontale Entfernung.

Mögliche Routenskizze zur Hochvernagt- Wand. Auf flachen Gletschern können Streckenmessungen hilfreich sein (siehe Seite 137).

Bei einer Äquidistanz von 20 m ist jede fünfte Höhenlinie verstärkt. Diese dickeren Höhenlinien (Zähllinien) sind mit entsprechenden Höhenangaben versehen. Auf AV- und BEV-Karten werden Höhenangaben so angeschrieben, dass ihre Basis talwärts zeigt. Auf Schweizer Landeskarten stehen die Höhenangaben der Isohypsen so, dass man sie nie auf dem Kopf lesen muss.
Je nach Bodenbeschaffenheit variiert die Farbe der Höhenlinien.

Höhenlinienfarben
Braun: Wald, Krummholz, Wiesen
Blau: Gletscher, Wasser
Schwarz: Fels, Blockfelder, Geröll

Höhenlinien und Neigung
Wie man unschwer erkennen kann, entspricht ein weiter Höhenlinienabstand flachem Gelände, während eine dichte Scharung der Höhenlinien steiles Gelände anzeigt. Den genauen Zusammenhang gibt der Neigungsmaßstab an. Neigungsmaßstäbe sind auf dem AV-Planzeiger angegeben (siehe Seite 130).
Man kann den Zusammenhang auch grafisch ermitteln, indem man eine maßstabsgetreue Skizze anfertigt. Für 20 m Äquidistanz sei ein Maßstab von 1:1 000 empfohlen. Man zeichnet ein rechtwinkliges Dreieck mit einer Höhe von 2 cm (Erklärung: 20 m : 1 000 = 2 cm). Für die Länge der horizontalen Kathete gilt: Abstand der beiden Höhenlinien × 25 (Erklärung: 25 × Maßstab 1:25 000 = Maßstab 1:1 000). Die Neigung der Hypotenuse (schräge Dreieckseite) entspricht dann der Geländesteilheit.
Beispiel (Karte Seite 116): Der vom Risserkogel südlich herabziehende Rücken weist im Bereich von 1 600 m Höhe Höhenlinienabstände von ca. 2 mm auf.
Breite des Dreiecks 2 mm × 25 = 50 mm.
Höhe 20 mm wie oben erläutert. Um die so gefundene Steilheit in Grad auszudrücken, legt man den Winkelmesser an und erhält 22°.
Alternativ dazu kann man Steilheiten als Steigung angeben, indem man die Höhe durch die Entfernung teilt und das Ergebnis in % ausdrückt.
Im obigen Beispiel gilt:
Steigung = 20 : 50 = 0,4 = 40 %

Steigung = Höhe : Entfernung × 100 %

Bei Steilheitsbestimmungen mit 20 m Äquidistanz bewirken Ablesefehler von einigen Zehntel mm bereits Fehler von mehreren Grad. Genauer wird das Verfahren, wenn man die Durchschnittsneigung eines Hanges über eine größere Strecke – etwa 100 Höhenmeter – ermittelt. In diesem Fall bietet sich ein Zeichenmaßstab von 1:2 500 an.
Beispiel (Karte Seite 116): Wie groß ist die Durchschnittsneigung des vom P 1707 herunterziehenden Osthanges (nördlich vom Blankenstein) zwischen 1 500 m und 1 600 m?
Höhenunterschied 100 m : 2 500 = 4 cm
Höhenlinienabstand 6 mm × 10 = 6 cm
Ergebnis 33,7° oder 66,6 % (Abbildung C).
Ein ähnliches Verfahren kann man benützen, um zu klären, ob man einen bestimmten Kartenpunkt im Gelände sieht oder ob er durch einen näher gelegenen Berg verdeckt ist. Man zeichnet die relevanten Punkte (Standort, Zielpunkt und dazwischen liegendes Objekt) in ein Profil ein. Da es jetzt nicht um eine Steilheitsmessung geht, kann man das Profil überhöhen. Durch die Überhöhung wirken sich Ungenauigkeiten beim Zeichnen weniger fehlerhaft aus.
Beispiel: Kann man beim Betreten des Taschachferners (Höhe 2 580 m) den Brunnenkarkopf (3 250 m) sehen oder ist er durch den Punkt 2 980 verdeckt? 2,5-fache Profilüberhöhung. Man benützt in diesem Fall als horizontalen Maßstab 1:25 000 und als vertikalen Maßstab 1:10 000 (Karte und Grafik rechts, natürliche Ansicht Seite 120).
Hangsteilheiten aus der Karte zu ermitteln ist besonders im Winter von Bedeutung (Lawinengefahr). Seit 2004 sind daher in allen Schweizer Skiroutenkarten Hangbereiche ab

Höhenangaben der Zähllinien auf AV-Karten (Abdruck mit freundlicher Genehmigung des Österreichischen Alpenvereins)

Höhenangaben der Zähllinien auf Schweizer Landeskarten (Reproduziert mit Bewilligung von swisstopo)

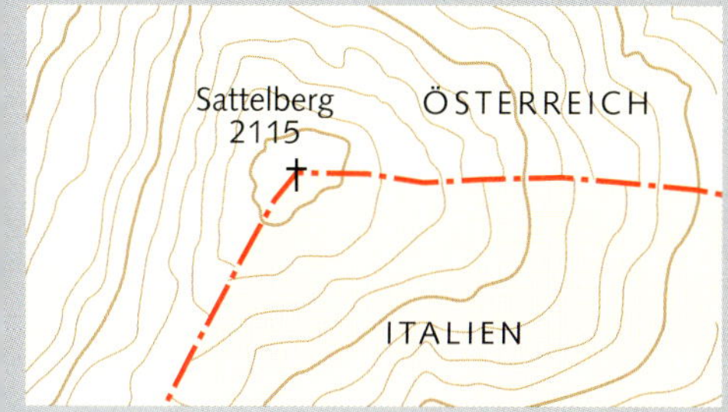

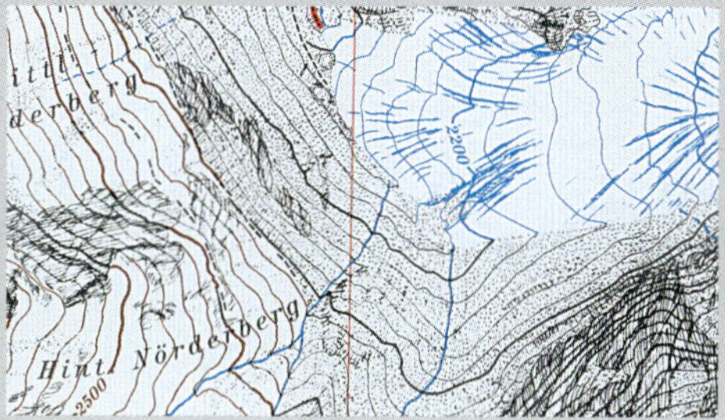

Links: Unterschiedliche Äquidistanz in Österreich und Italien, Sattelberg (westlich vom Brennerpass)

Rechts: Unterschiedliche Färbung der Höhenlinien (Abdruck mit freundlicher Genehmigung des Österreichischen Alpenvereins)

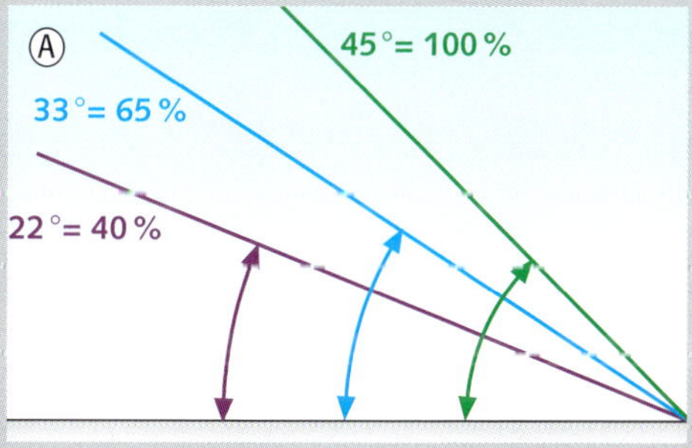

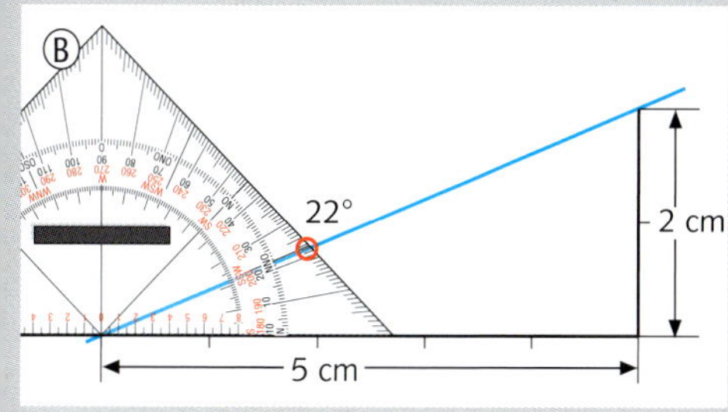

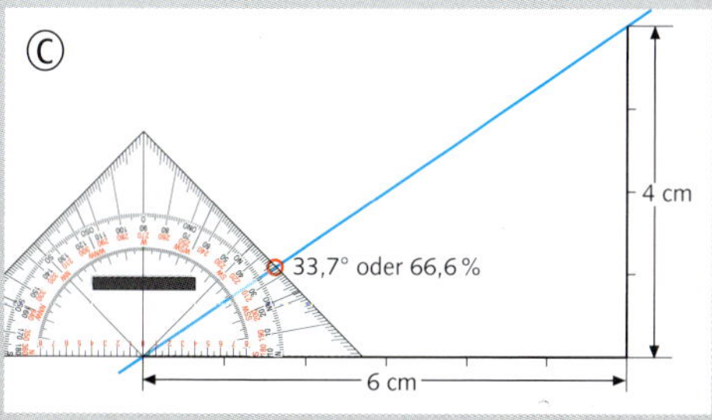

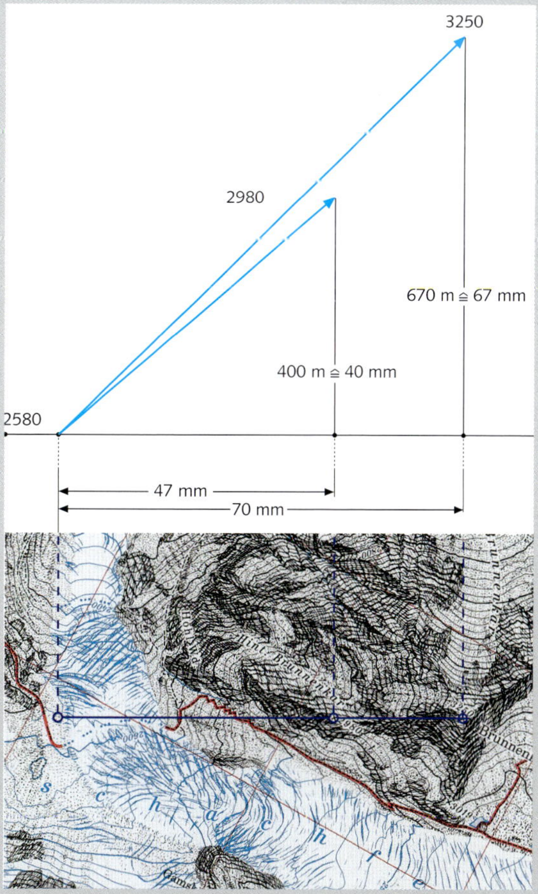

Links: (A) Bezug zwischen Grad (°) und Prozent (%) (B). Grafische Steilheitsbestimmung bei 20 m Äquidistanz, Maßstab 1:1000 und (C) bei 100 m Äquidistanz, Maßstab 1:2500

Rechts: Sieht man den Brunnenkarkopf? Maßstab horizontal 1:25 000, Maßstab vertikal 1:10 000 (natürliche Ansicht auf Seite 120)

30° Durchschnittsneigung rötlich gefärbt. 30° wurden gewählt, da ab dieser Steilheit eine erhöhte Gefahr für die Auslösung von Schneebrettlawinen besteht. Man beachte, dass 30° Durchschnittsneigung in der Regel »steilste Hangpartien« von ca. 35° bedeutet (S-Profil). Bei einer Äquidistanz von 20 m können dabei Hangbereiche von bis zu 20 Höhenmetern diese deutlich höhere Steilheit aufweisen. Das führt in der Praxis oft zu Verwirrung – insbesondere bei schlechter Sicht. S-Profile erkennt man im Kartenbild am unregelmäßig welligen Verlauf der Höhenlinien.

Höhenlinien und Geländeform

Der Verlauf der Höhenlinien kennzeichnet neben den S-Profilen auch eindeutig andere Geländeformen. Gipfel, Rücken, Grate, Rinnen, Kare und Sättel können direkt aus entsprechenden Höhenlinienbildern ersehen werden. Scharfe Knicke der Höhenlinien stellen dabei immer Grate bzw. Moränen oder V-förmig eingeschnittene Täler dar. Ob Grat oder Tal hängt davon ab, wo oben ist.

Kartenrandangaben

Unter Kartenrandangaben versteht man alles, was außerhalb des wirklichen Kartenbildes erklärt ist. Bei topografischen Karten (Karten, die Geländeformen wiedergeben) handelt es sich dabei im Allgemeinen um die folgenden Informationen:

- Bezeichnung und Nummer des Kartenblattes sowie Übersichtsplan aller Kartenblätter.
- Legende bzw. Zeichenerklärung: Hier sind die im Kartenblatt verwendeten Signaturen erklärt.
- Maßstab, Böschungsmaßstab und ggf. Schichtenabstände der Höhenlinien.
- Herausgeber, Ausgabe bzw. Nachführung, Datum des dargestellten Gletscherstandes.
- Projektion und geodätische Bezugssysteme: Gitter, Längen- und Breitenkreise.
- Ggf. Deklination, Meridiankonvergenz, Nadelabweichung.

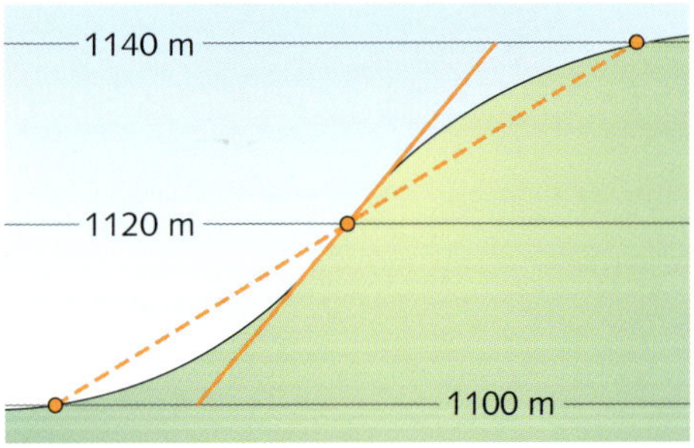

Oben rechts: S-Profile. Das Gelände ist steiler als laut Karte zu vermuten

Links: S-Profile im Gelände

Unten rechts: Natürliche Ansicht, im Hintergrund der Brunnenkarkopf (siehe Seite 119

Von oben nach unten: Rücken (1); Rinne, V-Tal (2); Moräne, Rippe (3); Sattel und Grat (4)

1

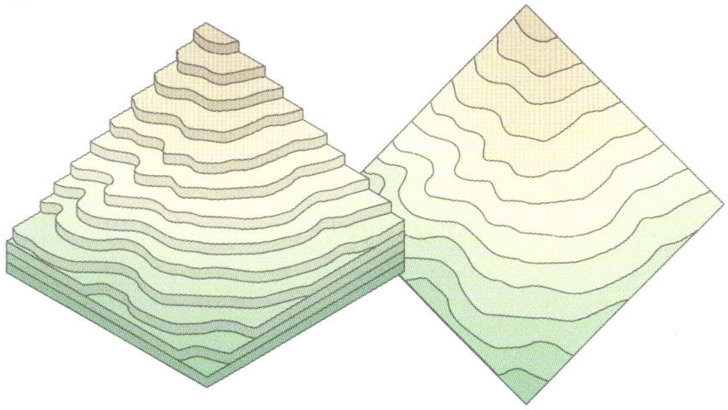

2

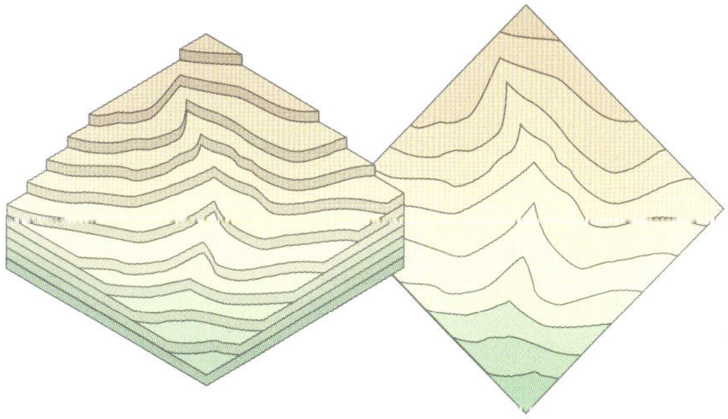

3

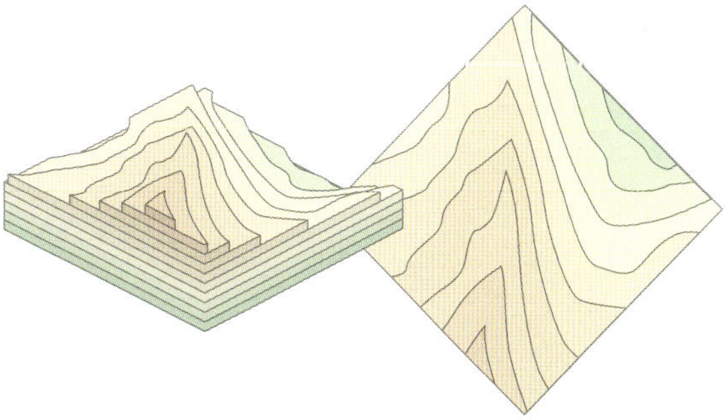

4

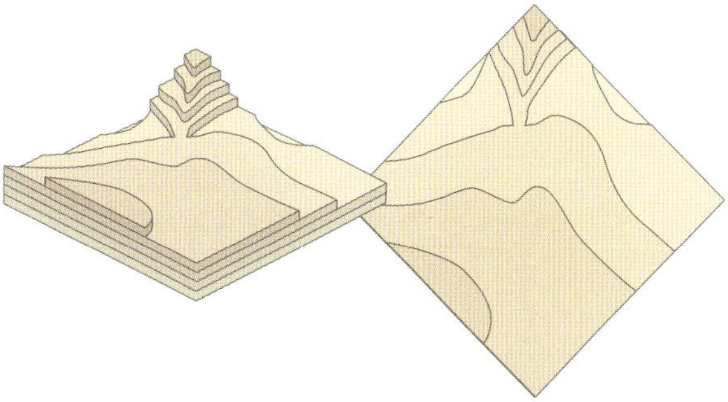

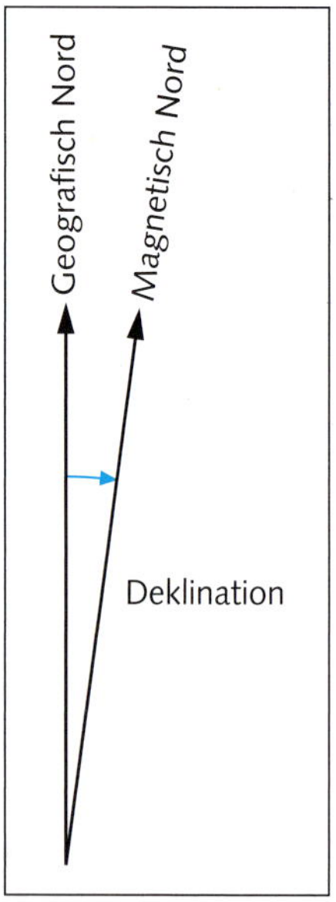

Deklination (+) 8,5° östlich

Magnetische Deklination

Da der magnetische Nordpol nicht mit dem geografischen übereinstimmt und darüber hinaus im Lauf der Zeit wandert, zeigt die Kompassnadel nicht genau nach geografisch Nord. Den Winkel zwischen geografisch Nord und magnetisch Nord bezeichnet man als magnetische Deklination (Missweisung). Im dargestellten Beispiel beträgt sie +8,5° oder 8,5° Ost. Für westliche Abweichung erhält die Deklination ein negatives Vorzeichen.

Im bayerischen Alpenraum beträgt die Deklination ca. 2,5° Ost (2013). Sie verändert sich jährlich um +0,1°. Die Deklination kann an jedem guten Kompass eingestellt werden. In außeralpinen Gebieten ist sie zum Teil so groß, dass sie keinesfalls vernachlässigt werden darf (zum Beispiel West-Kanada etwa +20°). Um für alle Orte der Erde die richtige Deklination zu finden, gibt es Isogonenkarten.

Mit der Deklination ist es aber noch nicht getan. Da die Erde eine Kugel ist (genauer ein Geoid), kann man ihre Oberfläche nicht ohne weiteres auf einer Ebene (dem Kartenblatt) abbilden. Bei kleinmaßstäblichen Karten, die etwa einen ganzen Kontinent abbilden, sind unterschiedliche Projektionen möglich (z. B. Zylinderprojektion, Kegelprojektion, Azimutalprojektion). Dabei kann das entstehende Kartenblatt winkeltreu sein. Das heißt, aus der Karte übernommene Richtungszahlen (siehe Seite 143) sind korrekt und können ins Gelände übertragen werden. Alternativ dazu kann das Kartenblatt flächentreu oder längentreu sein. Das Kartenblatt kann jedoch nie gleichzeitig winkeltreu, flächentreu und längentreu sein. Bei großmaßstäblichen Karten spielen diese Verzerrungen allerdings kaum eine Rolle. Es können also sowohl Richtungszahlen als auch Strecken korrekt aus der topografischen Karte ins Gelände übertragen werden.

Gitter

Insbesondere für GPS-Benützer ist die Frage interessant, welche geodätischen Bezugssysteme im Kartenblatt angegeben sind. Das Bezugssystem der Längen- und Breitenkreise ist zwar fast immer angegeben, für die praktische Arbeit aber weniger geeignet. Die Meridiane scharen sich nach Norden hin enger, verlaufen also nicht parallel. Auf topografischen Karten wünscht man sich ein rechtwinkliges Bezugssystem. Man benützt deshalb ein sogenanntes UTM-Gitter (Universal Transversal Mercator Projektion). Ein solches Gitter weicht im Allgemeinen leicht von der geografischen Nord-Süd-Richtung ab.

Die Schweizer Landeskarten benützen ein spezielles, für die Schweiz gültiges Gitter (Schweizer Gitter). Der Bezugspunkt ist in Bern und hat die Koordinaten 600 000 (Rechtswert) und 200 000 (Hochwert). In der gesamten Schweiz sind die Rechtswerte dadurch größer als die Hochwerte. Verwechslung ist ausgeschlossen. Die Ausrichtung der Schweizer Landeskarten richtet sich nach diesem Gitter. Es verläuft parallel zum Kartenrand, geografisch Nord ist also nicht exakt oben. Auf den Karten ist die »Nadelabweichung« angegeben. Sie wird dort als »Deklination« bezeichnet und explizit ausformuliert: »Westliche oder östliche Abweichung der Magnetnadel in der Blattmitte bezogen auf die Süd-Nord-Linien des Kilometernetzes.«

Bei AV-Karten ist geografisch Nord exakt oben. Das Gitter liegt daher etwas schief im Karten-

Welt-Isogonenkarte

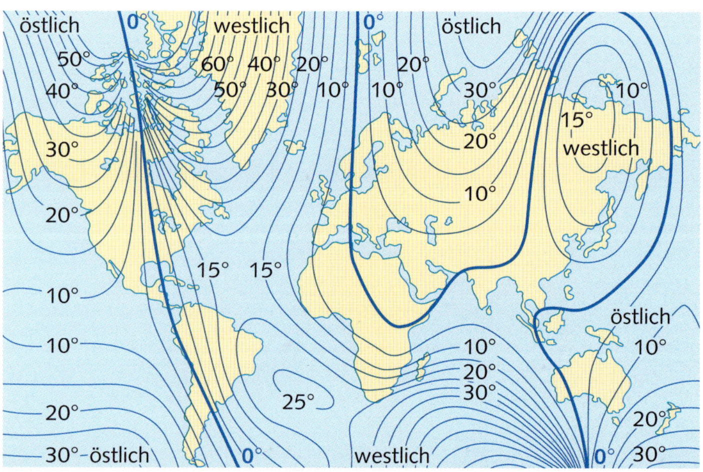

blatt. Eine ältere Generation von AV-Karten enthält ein exakt nach Norden ausgerichtetes, sogenanntes Suchgitter. Da dieses Gitter keinem geodätischen System zugeordnet ist, sind damit auch keine allgemein gültigen Positionsangaben möglich (z. B. für Hubschrauberpiloten). Aus diesem Grund sollte man wissen, ob die eigene Karte ein UTM-Gitter oder lediglich ein Suchgitter enthält.
Auf neuen AV-Karten ist überwiegend die Abweichung des Gitters gegenüber geografisch Nord angegeben (Meridiankonvergenz). Ebenso ist die magnetische Deklination und zum Teil auch die Nadelabweichung vermerkt. Die Nadelabweichung ergibt sich folgendermaßen aus den anderen Werten:

Nadelabweichung = Magnetische Deklination – Meridiankonvergenz
(Vorzeichen beachten!)

Diese Gesamtdarstellung kann verwirrend sein. Hinzu kommt, dass die Vorzeichen der Nadelabweichung in manchen AV-Karten nicht korrekt angegeben sind (z. B. Blatt 30/2, Ausgabe 2003)
Im dargestellten Beispiel ergibt sich: Nadelabweichung (– 11,5° westlich) = Magnetische Deklination (+ 8,5° östlich) – Meridiankonvergenz (+ 20° östlich).

Für die Praxis genügt es zu wissen, dass die Nadelabweichung der relevante Wert ist. Die Kompassnadel zeigt nach magnetisch Nord, und auf der Karte bezieht man sich auf das Gitter. Die Nadelabweichung ist zur Zeit im Alpenraum überwiegend relativ klein, sodass man sie vernachlässigen kann. Für einzelne Kartenblätter beträgt sie jedoch bis zu 4,5°. Ein Blick auf den angegebenen Wert lohnt sich daher allemal. Möchte man genaue Peilungen durchführen, sollte man Abweichungen ab etwa 1° berücksichtigen.
Wird die Nadelabweichung am Kompass eingestellt, empfiehlt es sich, die Einstellung mittels Peilung zu einem bekannten Ziel zu überprüfen (siehe Seite 143). Stimmt die Richtungszahl nicht, wurde zur falschen Himmelsrichtung hin eingestellt.

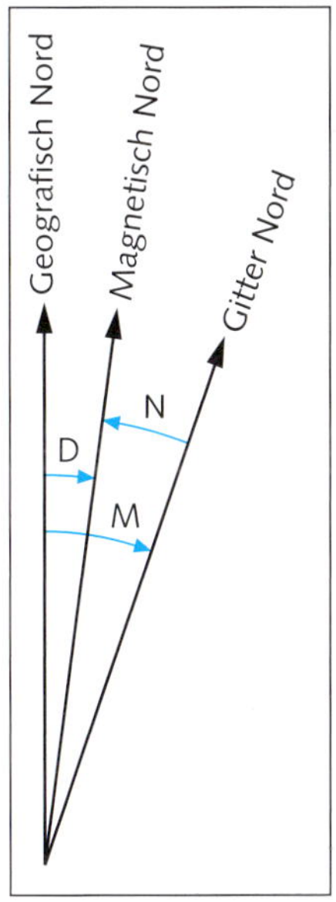

Nadelabweichung, Deklination und Meridian-Konvergenz

Karteninhalt und Darstellung

Ortsnamen werden in Rechtsschreibung angegeben. Das bedeutet West-Ost-Verlauf der Kartenschrift. Bei AV-Karten beachte man den Winkel gegenüber dem Gitter (Meridiankonvergenz). Alle anderen Namen bezeichnet man als geografische Namen. Sie werden in Richtung der größten Ausdehnung des bezeichneten Objektes geschrieben.
Der Bewuchs wird durch meist grüne Flächensignaturen und/oder bildhafte Signaturen

In der Praxis genügen oft ungefähre Richtungsangaben.

(zum Beispiel für Wald) angegeben. Auch für Gebäude, Schotterfelder und Gletscher gibt es Signaturen. Sie alle sind in der jeweiligen Kartenlegende erklärt.
Topografische Karten enthalten Höhenpunkte. Es gibt Gelände- und Gewässerpunkte sowie Objektpunkte und trigonometrische Vermessungspunkte. Man findet diese Punkte immer an topografisch wichtigen, im Gelände klar identifizierbaren Stellen (z.B. Gipfel, Sattel, Wegkreuzung, Flussmündung) und erhält durch sie die Möglichkeit, den Höhenmesser nachzustellen (siehe Seite 126).
Schraffen benützt man in modernen Karten als Signaturen für Kleinformen wie Geländekanten und kurze Steilstufen. In alten Karten findet man Schraffen für die Darstellung von Felsformationen. Dieses System hat sich jedoch nicht bewährt, da die in Falllinie verlaufenden schwarzen Striche keine Höhenliniendarstellung zulassen.
Werden in einer Karte hellere und dunklere Flächentönungen für die Darstellung der Geländeform benützt, spricht man von Schummerung. Für den Betrachter ergibt sich durch die unterschiedlichen Helligkeiten ein plastischer Effekt. Bei der Darstellung von Gebirgslandschaft ist Schummerung mit Nordwest-Beleuchtung am besten geeignet. Schummerungen werden in den Schweizer Landeskarten und einigen AV-Karten benützt.
Die Felszeichnung moderner Karten beruht auf freier künstlerischer Strichdarstellung. Es obliegt dem Geschick des Kartografen, die Felsen realitätsnah darzustellen und gleichzeitig einen nachvollziehbaren Höhenlinienverlauf zu integrieren.

Peilkompass und Höhenmesser

Zur Standortbestimmung und zur Orientierung im Nebel sind Höhenmesser und Peilkompass (Bussole) erforderlich. Wer die entsprechenden Techniken kennt, kann den eigenen Standort einmessen und sich bei schlechter Sicht zielgerichtet bewegen.

Peilkompass

Um mit einem Peilkompass auf der Karte zu arbeiten, muss die Windrose drehbar und durchsichtig sein. Auf der Windrose sind die Himmelsrichtungen angegeben. Zur genauen Richtungsbestimmung enthält sie eine Unter-

Oben links: Schummerung und Felszeichnung (Abdruck mit freundlicher Genehmigung des Deutschen Alpenvereins)

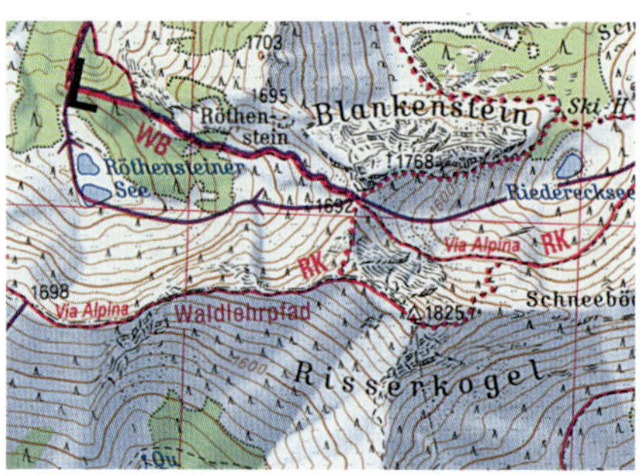

Unten links: Rechtsschreibung, Höhenpunkte, Schraffen, Signaturen für Wald und Wiese. (Abdruck mit freundlicher Genehmigung des Deutschen Alpenvereins)

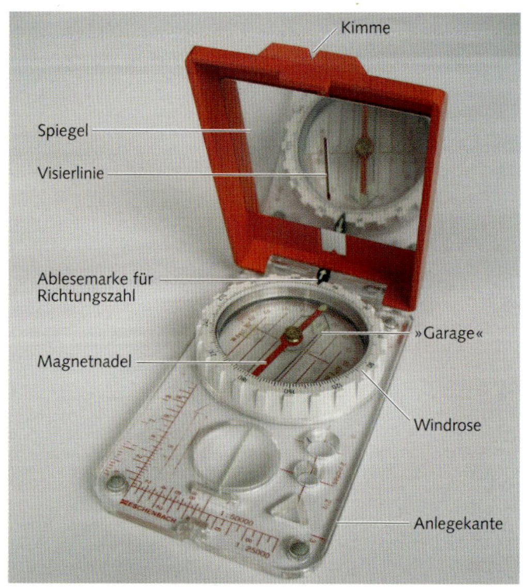

Rechts: Peilkompass bzw. Bussole

teilung in 360°. Dabei entspricht Norden 0° (bzw. 360°), Osten 90°, Süden 180° und Westen 270°. Einige Bussolen haben auch Unterteilungen in 64 Strich.
Die ebenfalls erforderliche Peilvorrichtung kann aus Kimme und Korn bestehen. Weiter verbreitet ist jedoch das abgebildete System, das eine Kimme und einen Spiegel mit Mittellinie aufweist. Zum Peilen muss man das Peilziel hinter der Kimme und gleichzeitig die Mitte der Windrose auf der Mittellinie des Spiegels sehen.
Die Erde hat ein dipolförmiges Magnetfeld mit Nord- und Südpol. Nach ihnen richtet sich die Magnetnadel aus. Mit der Bussole lässt sich zu jedem Zielpunkt eine genaue Richtung (in Form einer Gradangabe) festlegen. Diese Richtung nennt man Richtungszahl oder Marschzahl. Um sie zu ermitteln, dreht man die Windrose bei angepeiltem Ziel, bis die Nordnadel mit dem Nord der Windrose übereinstimmt. Ist eine Nadelabweichung eingestellt, muss die Nordnadel abweichend von Nord mit der entsprechenden Markierung übereinstimmen. Also in jedem Fall: »Nadel in die Garage«. Die Richtungszahl wird bei der in Peilrichtung angebrachten Markierung abgelesen. Weitere Informationen zum Peilvorgang finden sich auf Seite 143.
Um mit der Bussole einigermaßen genau arbeiten zu können, sollte man die möglichen Fehlereinflüsse kennen. Ansonsten können sich mehrere dieser Einflüsse zu einer erheblichen Abweichung addieren. Folgende Fehler(quellen) treten immer wieder auf:

- Eisen, elektrische Leiter, Sender (auch VS-Geräte)
- Magnetische Störungen wie zum Beispiel Magnetitlagerstätten oder Gewitter
- Schiefhalten der Bussole beim Peilen oder beim Einstellen der Windrose
- 180°-Fehler durch falsches Anlegen oder Ablesen
- Falsch eingestellte Nadelabweichung
- Parallaxenfehler (durch schräge Aufsicht) beim Einstellen der Richtungszahl

Der Parallaxenfehler wird wenig beachtet, kann aber bereits für sich allein genommen bis zu 5° betragen. Er resultiert daraus, dass man mit dem in der Regel ca. 60° hochgeklappten Spiegel nicht von oben, sondern schräg auf die Windrose blickt. Dies kann zu Einstellungsfehlern führen.
Lösung Nummer eins: Man stellt den Spiegel auf 45° und gleicht die Mittellinie beim Peilen mit dem Drehpunkt der Kompassnadel ab.
Lösung Nummer zwei: Man dreht die »Garage« nicht unter die Spitze der Kompassnadel, sondern so, dass sie parallel zur Kompassnadel ausgerichtet ist.
Hält man die Bussole schief, ergeben sich Richtungsfehler bei aufwärts und abwärts erfolgenden Peilungen. Außerdem kann das freie Schwingen der Nadel durch die Schieflage beeinträchtigt sein. Hilfreich ist hier ein Partner, der die horizontale Lage während des Peilens im Auge behält.
Man beachte, dass Peilfehler linear mit der Peilstrecke zunehmen. So verursacht ein Peilfehler von 3° in 200 m Entfernung etwa 10 m Fehlbetrag. In 2 km Entfernung beträgt die seitliche Abweichung bereits 100 m und in 10 km Entfernung schlägt sie mit rund 500 m zu Buche (siehe Seite 126).

Höhenmesser

Der Höhenmesser ist ein Barometer (Luftdruckmesser) mit Höhenskala. Im Gerät befindet sich eine empfindliche luftleere Dose, die

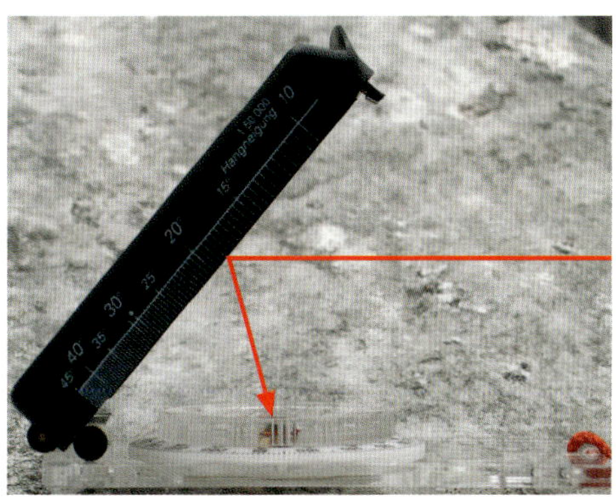

Parallaxenfehler durch schräge Aufsicht

auf Druckabnahme mit Ausdehnung und auf Druckzunahme mit Zusammenziehen reagiert. Die Bewegungen dieser Dose werden mechanisch auf den Zeiger des Höhenmessers oder digital auf das Display übertragen. Unabhängig von der Höhe ändert sich der Luftdruck im Lauf der Zeit auch am selben Ort (Hochdruck-Wetterlage, Tiefdruck-Wetterlage, siehe Seite 44 ff.). Deshalb ist die Höhenskala drehbar angebracht bzw. digital justierbar.

Der Höhenmesser ist temperaturkompensiert. Das bedeutet, er funktioniert unabhängig von der Temperatur des Gerätes. Man kann ihn also zum Beispiel im Winter sowohl nahe am Körper als auch über der Kleidung tragen. Temperaturkompensation bedeutet hingegen nicht, dass der Höhenmesser den Einfluss der Lufttemperatur auf den Luftdruck erkennt.

Um sich den Zusammenhang zwischen Höhe und Luftdruck zu vergegenwärtigen, betrachte man die Standard-Druckverteilung der Atmosphäre. Sie weist auf Meereshöhe einen Luftdruck von 1013 hPa (Hektopascal, Zahlenwert entspricht mbar) auf. Mit zunehmender Höhe fällt der Druck, und zwar bei 3 000 m auf rund zwei Drittel, bei 5 500 m auf rund die Hälfte und bei 8 500 m auf rund ein Drittel des Drucks auf Meereshöhe (siehe Seite 13). Den momentan am Ort herrschenden Druck nennt man absoluten Luftdruck. Will man den Druck mit einer Wetterkarte vergleichen, muss man den absoluten Druck auf den entsprechenden Druck in Meereshöhe umrechnen. Der auf Meereshöhe umgerechnete Druck heißt reduzierter Luftdruck.

Einstellen des Höhenmessers

Zum Einstellen des Höhenmessers muss die eigene Standorthöhe bekannt sein. Man dreht die Höhenskala, bis der Zeiger die richtige Höhe anzeigt. Bei digitalen Geräten gibt man die eigene Höhe gemäß Bedienungsanleitung ein. Da die Höhenmessung etlichen Fehlereinflüssen unterliegt, sollte man die Einstellung während der Tour immer wieder an Orten bekannter Höhe kontrollieren bzw. korrigieren. Beim klassischen Modell (Thommen) liest man den absoluten Luftdruck unter dem Zeiger auf derjenigen hPa-Skala ab, die farblich mit der km-Anzeige übereinstimmt. Den reduzierten Luftdruck findet man auf der äußeren hPa-Skala bei 0 m. Um die Luftdrücke bei digitalen Geräten abzulesen, sei auf die jeweilige Bedienungsanleitung verwiesen.

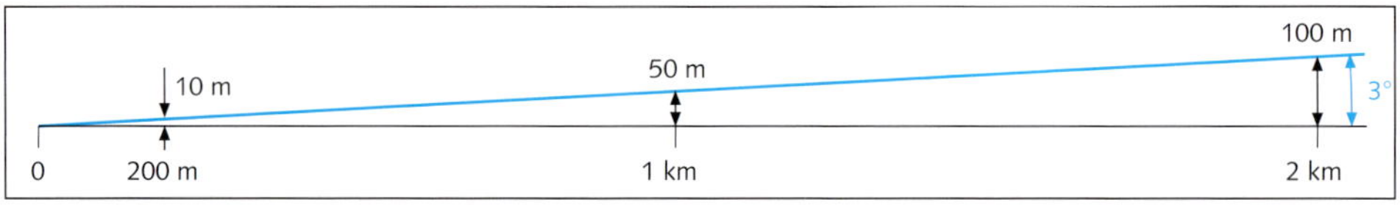

Oben: Peilfehler: die Abweichung nimmt mit der Entfernung zu.

Links: Diverse Höhenmesser

Rechts: Klassischer Höhenmesser

Sowohl bei mechanischen als auch bei digitalen Gerätetypen stimmen die Druckwerte nur, wenn der Höhenmesser richtig geeicht ist. Luftdruckangaben verschiedener Höhenmesser können daher ohne weiteres voneinander abweichen. Die Höhenmessung funktioniert unabhängig davon korrekt.
Um einen Höhenmesser zu eichen, müssen Druck und Höhe bekannt sein. Den Thommen justiert man mit einer winzigen, durch einen Schieber verdeckten Schraube in der Geräterückseite. Digitale Geräte gemäß Bedienungsanleitung.
Um Wetterentwicklungen mitzuverfolgen bzw. vorauszusagen, kann es sinnvoll sein, die zeitliche Veränderung des Luftdrucks zu messen. Dies ist mit einem Höhenmesser bei ortsfester Verwendung möglich (immer dasselbe Gerät verwenden). Beim Thommen bringt man zu diesem Zweck die Strichmarkierung des Gehäuses mit dem Zeiger in Übereinstimmung. Zu einem späteren Zeitpunkt wird sich der Zeiger gegenüber dem Markierungsstrich verstellt haben. Bewegungen zur Spitze der Keilsignatur bedeuten fallenden, Bewegungen zu ihrem offenen Ende hin steigenden Druck. Digitale Geräte können Druckänderungen gegenüber einem Ausgangswert oder Druckprofile über einen gewissen Zeitraum anzeigen. 1 hPa Druckunterschied entspricht dabei ungefähr 10 m Höhenunterschied (gilt bis ca. 2 000 m Höhe).

Abweichungen, Temperatureinfluss

Beim Gebrauch eines Höhenmessers können folgende Abweichungen auftreten:

- Falsche Einstellung der Ausgangshöhe
- Messfehler des Gerätes
- Kurzfristige Druckschwankungen (z. B. beim Durchzug einer Kaltfront)
- Einfluss der Lufttemperatur

Warme Luft ist leichter als kalte Luft. Deshalb zeigt der Höhenmesser bei stationärer Verwendung im Tal bei kalter Luft (= mehr Druck) geringere Höhen und bei warmer Luft größere Höhen an (tageszeitlicher Luftdruckverlauf. Andererseits fallen aus demselben Grund Höhendifferenzmessungen (= Druckdifferenzmessungen) bei Wärme geringer aus als bei Kälte. Das heißt, der Druckunterschied z. B. zwischen 1 000 m und 2 000 m ist bei Kälte größer als bei Wärme.
Da die Lufttemperatur mit zunehmender Höhe abnimmt, ist der Höhenmesser auf eine mittlere Temperaturverteilung geeicht. Sie beträgt in Meereshöhe +15 °C und nimmt pro 1 000 Höhenmeter um 6,5 °C ab (= Normalatmosphäre). Eine korrekte Messung von Höhenunterschieden findet streng genommen nur dann statt, wenn die Temperatur mit diesen Werten übereinstimmt (z. B. +2 °C auf 2 000 m oder – 11 °C auf 4 000 m). Ist die Temperatur um 10 °C wärmer, zeigt der Höhenmesser um 4 % zu geringe Druck- bzw. Höhenunterschiede an. Analog liefert er bei 10 °C zu kalter Luft um 4 % zu große Höhenunterschiede.
Beispiel: Geht man an einem warmen Sommertag (+17 °C auf 2 800 m) von der Stüdlhütte (2 801 m) auf den Großglockner (3 798 m), dann wird der Höhenmesser am Gipfel etwa 3 720 m anzeigen.
Dies berechnet sich folgendermaßen: Normaltemperatur auf 2 800 m entspricht – 3 °C. Bei

Normalatmosphäre

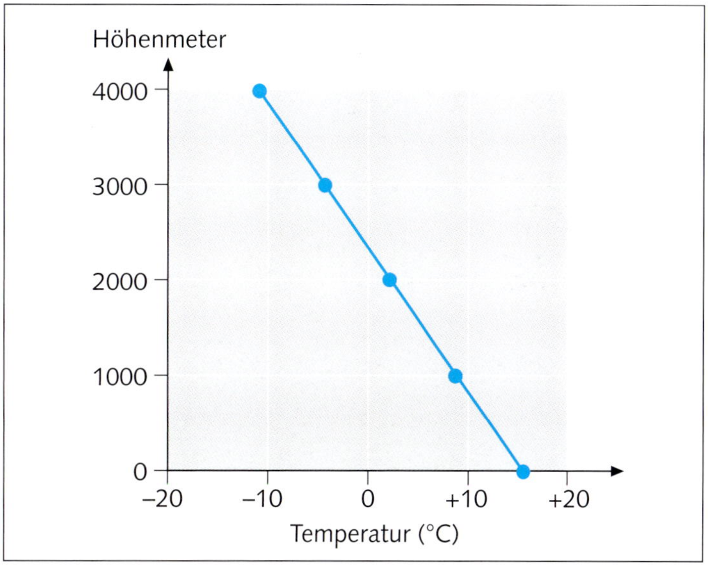

17 °C ist es also um 20 °C wärmer. 20 °C über Normalatmosphäre bedeuten 8 % leichtere Luft und somit 8 % geringere Druckdifferenz. 8 % von 1 000 Höhenmetern ergibt 80 m. Gipfelhöhe 3 798 m – 80 m ist ungefähr 3 720 m. Sofern man den Höhenmesser am Gipfel justiert, wird er abends auf der Stüdlhütte 2 880 m anzeigen, also 80 m zu viel.

Einfluss der Temperatur auf die Höhenmessung

	Stationär im Tal	Beweglich
Kalte Luft	geringere Höhenangabe	Höhendifferenzmessungen werden zu groß angezeigt
Warme Luft	größere Höhenangabe	Höhendifferenzmessungen werden zu klein angezeigt

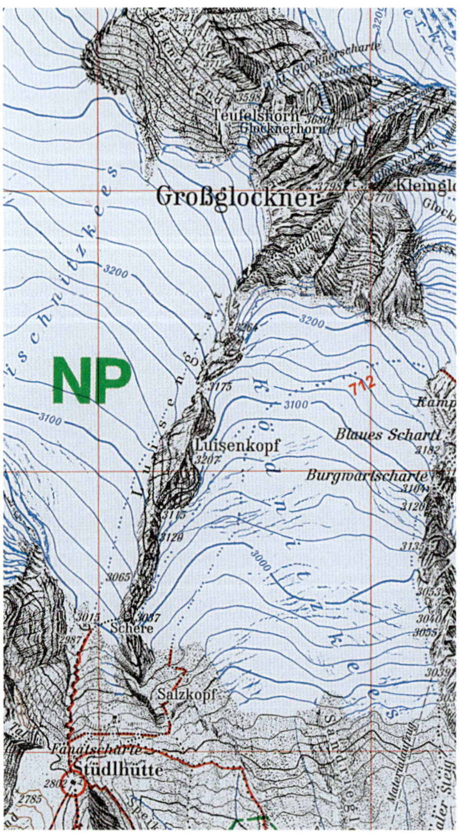

Hütte bis Gipfel 1 000 Höhenmeter, Einfluss der Lufttemperatur (Abdruck mit freundlicher Genehmigung des Österreichischen Alpenvereins)

Hilfsmittel zur Orientierung

AV-Planzeiger

Der AV-Planzeiger ist ein Messinstrument für die Arbeit mit topografischen Karten. Er enthält Maßstabsleisten, Kartenwinkelmesser, Planzeiger und zwei verschiedene Typen von Neigungsmaßstäben (für 1 : 25 000 und 1 : 50 000). Außerdem sind Lineale mit cm- und inch-Angaben sowie zwei Kreisschablonen enthalten.
Mithilfe der Maßstabsleisten für 1 : 25 000 und 1 : 50 000 können Distanzen auf der Karte direkt in km angegeben werden (Achtung: 1 Teilstrich = 25 m bei 1 : 25 000).

Arbeiten mit dem Planzeiger

Um mit dem Kartenwinkelmesser zu arbeiten, richtet man den Planzeiger parallel zum Kartengitter aus und bringt den Mittelpunkt der Windrose mit dem Ausgangspunkt der Messung zur Deckung. Dann spannt man den Faden, und zwar so, dass er über den Zielpunkt läuft. Richtungszahl auf der Gradskala ablesen.
Das linke km-Gitter ist zum Ermitteln der UTM-Koordinaten eines Kartenpunktes gedacht. UTM-Koordinaten sind in Metern gemessene Werte. Der Rechtswert ist immer einem bestimmten Zonenfeld zugeordnet, der Hochwert gibt die Entfernung zum Äquator an. Gibt man Koordinaten an, nennt man den Rechtswert zuerst. Um in der Praxis mit Positionsangaben zu arbeiten, ist es übersichtlicher, in Kilometern zu denken. Dies erleichtert das Verständnis für die unterschiedliche Darstellungen der Gitterlinienwerte (z. B. Karte 7/1 : 90 = 5 290 km bzw.: 5 290 = 5 290 km; Karte 30/2 km : 194 000 = (5) 194 km).
Man bringt das Quadrat des linken km-Gitters mit dem Gitterauschnitt zur Deckung und liest Rechts- und Hochwert ab. Die Skala gibt 100-m-Schritte an – das Ergebnis wird am besten als dreistellige Meterangabe ausgedrückt. Die ermittelten Meterangaben werden zur linken bzw. unteren Gitternetzlinie dazu addiert.

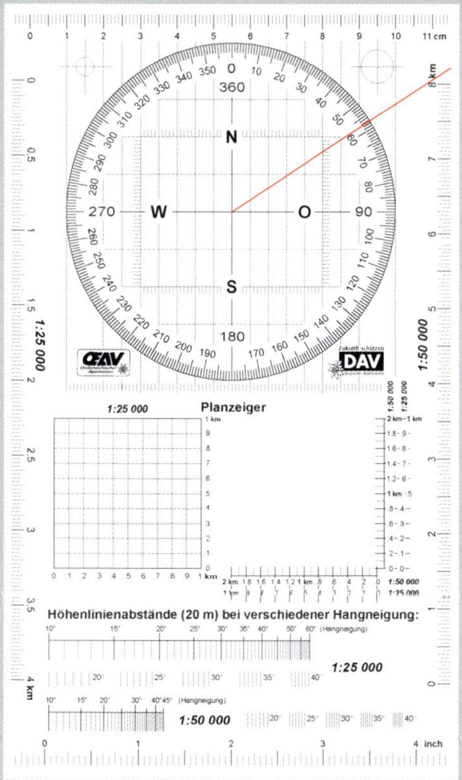

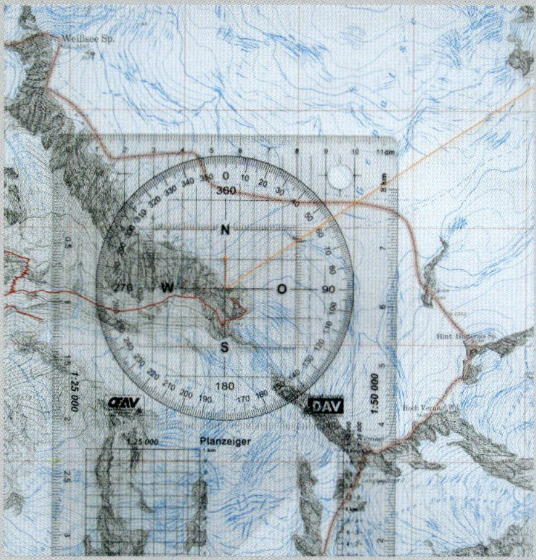

Oben links: AV-Planzeiger

Oben rechts: Winkelmessung mit dem AV-Planzeiger

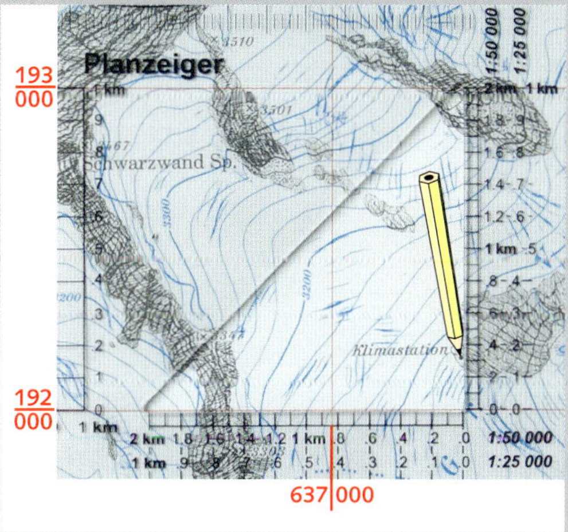

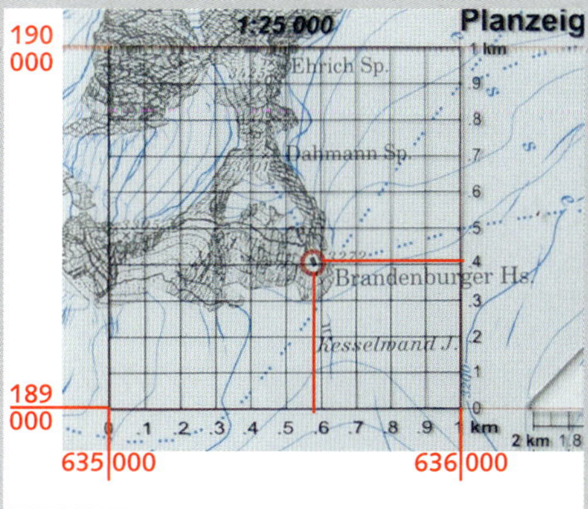

Mitte links: Rechts- und Hochwert des Brandenburger Hauses (Abdruck mit freundlicher Genehmigung des Österreichischen Alpenvereins)

Mitte rechts: Planzeiger zum Einzeichnen von Punkten in die Karte (Abdruck mit freundlicher Genehmigung des Österreichischen Alpenvereins)

Unten links: Taschenfernglas 10 × 25

Unten rechts: Anlegen des nach 1°-Schritten abgestuften Neigungsmaßstabes

Beispiel Brandenburger Haus:
Rechtswert: Linke Gitterlinie 635 km + 575 m = 635,575 km oder 635 575 m
Hochwert: Untere Gitterlinie 189 km + 410 m = 189,410 km oder 189 410 m
In Kombination mit einer Gebietsangabe (im Beispiel: Ötztaler Alpen) sind diese Koordinaten eindeutig. Um sie weltweit zuzuordnen, muss beim Rechtswert das Zonenfeld des UTM-Gitters mit angegeben werden (auf der Karte vermerkt). Beim Hochwert müssen für die Entfernung zum Äquator oft 5 000 km hinzuaddiert werden.
Im Beispiel Brandenburger Haus:
Rechtswert: Zonenfeld 32; also 32 : 635 575
Hochwert: 5 000 km + 189 410 m = 5 189 410
Der rechte Planzeiger eignet sich zum Einzeichnen vorgegebener Koordinaten in die Karte (deshalb die dreieckige Aussparung). Man legt die waagerechte Skala an die untere Gitterlinie an und bringt die dreistellige Meterangabe mit der linken Gitterlinie zum Schnitt. Danach kann man den vorgegebenen Punkt an der entsprechenden Höhe der vertikalen Skala einzeichnen.
Beispiel Klimastation: Rechtswert 32 : 637 420, Hochwert 5192160
Der Planzeiger enthält zwei Typen von Neigungsmaßstäben, jeweils für 1 : 25 000 und 1 : 50 000. Typ eins ist auf eine Äquidistanz von 20 m ausgelegt und nach einem 1°-Raster abgestimmt. Man legt den Maßstab an zwei benachbarte Höhenlinien an (rechtwinklig zu deren Verlauf), sucht den passenden Abstand und bestimmt die Gradzahl. Dieser Typ Neigungsmaßstab ist für kleinräumige Steilheitsbestimmungen geeignet. Sowohl durch Anlegefehler (siehe Seite 118) als auch durch S-Profile (siehe Seite 120) ergeben sich in der Praxis Abweichungen.
Typ zwei ist auf 100 m Äquidistanz ausgelegt und enthält Rasterabstände von 5°. Man legt die Rastersteilheiten nacheinander an die beiden Zähllinien an (rechtwinklig zum Verlauf der Höhenlinien) und interpoliert die Hangsteilheit. Interpolieren bedeutet, auf Grundlage der beiden besten Vergleichswerte zu schätzen. Das Verfahren eignet sich, um die Durchschnittsneigung größerer Hänge zu bestimmen. Achtung: Die Maßstäbe von Karte und Böschungsmaßstab müssen identisch sein.

Dioden-Taschenlampen

Fernglas

Geeignet sind binokulare Taschenferngläser, die es üblicherweise in 8 × 20 und 10 × 25 gibt. 10 × 25 heißt 10fache Vergrößerung bei 25 mm Objektivdurchmesser. Größere Objektive bringen zwar mehr Lichtstärke, sind aber schwerer. Entscheidend für die Bildqualität ist die verwendete Optik. Markengläser sind Billigprodukten in diesem Punkt deutlich überlegen. Darüber hinaus haben Markengläser weitere Vorteile: Ein wasser- und staubdichtes Gehäuse verhindert Kondensation und Verunreinigung im Inneren des Glases. Augenmuscheln, die man zurückschieben kann, ermöglichen es, das Fernglas auch mit Brille zu benützen. Zudem erleichtern sie das Reinigen der Okulare (z. B. Zeiss Victory Compact).

Taschenlampe

Empfehlenswert sind Stirnlampen mit Leuchtdioden. Die Batterien halten wesentlich länger als bei herkömmlichen Taschenlampen, und auch das Versagen wegen eines durchgebrannten Glühfadens gehört der Vergangenheit an. Man bedenke, dass man die Taschenlampe nachts sowohl für die Orientierung im Gelände als auch für das Kartenstudium benötigt. Mit einer funktionsfähigen Taschenlampe kann so manches Biwak vermieden werden.

Lupe

Da die Signaturen auf der Karte zum Teil sehr klein sind, kann eine Lupe hilfreich sein. Besonders wer auf kurze Distanz nicht (mehr) maximal scharf sieht, profitiert davon.

Kartentasche

Bei schlechtem Wetter wird die Karte massiv strapaziert. Einen geeigneten Schutz stellt die Kartentasche dar. Sie sollte auf beiden Seiten durchsichtig sein. Der benötigte, nach vorne und hinten gefaltete Kartenteil ist somit jederzeit rasch einsehbar. Die Karte ist in der Tasche gegen Nässe geschützt und kann nicht weggeweht oder vom Wind beschädigt werden.

Neigungsmesser

Bei einigen Bussolen ist ein Neigungsmesser integriert. Mit der SnowCard kann man Hangneigungen messen und auch mit dem Planzeiger (Peilfaden beschweren und Planzeiger hangparallel halten). Darüber hinaus gibt es den Pendeltrick mit Skistöcken. Ein zusätzliches Gerät zum Messen von Hangneigungen ist insofern eher verzichtbar.

Natürliche Orientierungshilfen

Auf Wanderungen hat man nicht unbedingt Kompass und Höhenmesser dabei. Trotzdem kann man auch hier in Nebel oder Schneetreiben geraten. Der Kompas kann kaputt gehen oder verloren werden. Das sind gute Gründe, über die natürlichen Orientierungshilfen Bescheid zu wissen. Sonne, Mond und Sterne leisten da gute Dienste. Es gibt aber noch weitere Indikatoren, mit denen man die Himmelsrichtungen einigermaßen bestimmen kann.

Sonnenstand

Bei winterlicher Zeitrechnung steht die Sonne ungefähr um 6.00 Uhr im Osten, um 12.00 im Süden und um 18.00 Uhr im Westen. Während der Sommerzeit tritt eine einstündige Verschiebung auf. Die Sonne steht ungefähr um 7.00 Uhr im Osten, um 13.00 Uhr im Süden und um 19.00 Uhr im Westen (siehe unten). Die Sonne wandert somit in sechs Stunden um 90°. Das macht annäherungsweise 15° pro Stunde. Diese 15° kann man zugrunde legen, um für beliebige Tageszeiten die Himmelsrichtung zu bestimmen.
Beispiel 1: Winter um 10.00 Uhr. Die Sonne steht 30° »vor« Süd (330°).
Beispiel 2: Sommer um 16.00 Uhr: Die Sonne steht auf 45° »nach« Süd (45°).
Man beachte, dass diese Logik zusätzlich da-

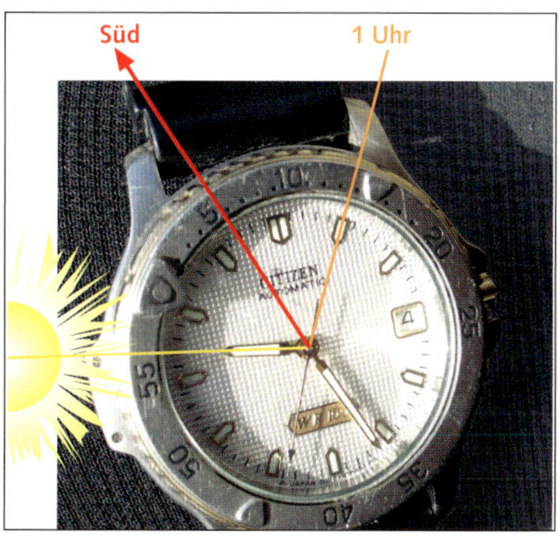

Links: Kartentasche

Rechts: Bestimmen der S-Richtung bei Sommerzeit

von abhängt, wo man sich in der entsprechenden Zeitzone befindet. Am östlichen Rand einer Zeitzone steht die Sonne schon gegen 11.30 Uhr im Süden und am westlichen Rand erst gegen 12.30 Uhr. Die Methode liefert also nur Anhaltswerte.

Trotzdem ist sie hilfreich. Sie funktioniert schnell und unproblematisch. Darüber hinaus kann man sie auch mit einer konventionellen Zeigeruhr realisieren. Man richtet die waagrecht gehaltene Uhr so aus, dass ihr Stundenzeiger zur Sonne zeigt. Süden befindet sich dann in Richtung der Winkelhalbierenden zwischen dem Stundenzeiger und 12.00 Uhr (bzw. 13.00 Uhr während der Sommerzeit).

Windrichtung

Im Nordalpenraum kommt Schlechtwetter meist aus Nordwest bis West. Diesen Umstand kann man nützen, wenn man bei Schneesturm z.B. immer gegen den Wind geht. Man sollte so nach Nordwesten gelangen. Allerdings können Lokalwinde auch beliebig von der Hauptwindrichtung abweichen. In den Südalpen kommt Schlechtwetter meist aus Südwest, und in den Zentralalpen kann Schlechtwetter aus allen Richtungen kommen. Mag die Methode wegen der wechselnden Lokalwinde zur Bestimmung der Himmelsrichtung nur sehr bedingt geeignet sein, so lässt sich doch mit ihr eine einigermaßen konstante Gehrichtung beibehalten.

Schneebeschaffenheit im Gratbereich

Durch den Vergleich der Schneebeschaffenheit auf beiden Seiten eines ost-west-verlaufenden Grates lassen sich häufig Nord und Süd festlegen. Im Winter findet man im Norden Pulverschnee und im Süden Firn oder Harsch. Im Frühjahr tritt Firn oder Harsch auf der Nordseite auf, während die Südseite bereits schneefrei ist. Natürlich gibt es auch Fälle (unmittelbar nach Neuschnee oder beide Seiten schneefrei), die keine Interpretation zulassen.

Wechten

Aufgrund der zuvor erwähnten Schlechtwetterwindrichtung bilden sich Wechten normalerweise auf der Ostseite (SO–NO). Analog dazu finden sich in exponierten Osthängen (Lee) oft Triebschneeansammlungen, während die Westhänge (Luv) windverblasenen Schnee (Windharsch) aufweisen.

Nordseite Schnee, Südseite schneefrei

Gletschertisch und Rauhfrost

Da die Sonne den südlichen Teil der Säule, auf der der Stein des Gletschertischs ruht, verstärkt bescheint und abschmilzt, sind Gletschertische im Allgemeinen mehr oder weniger nach Süden geneigt. Ein einzelner geneigter Gletschertisch sollte indes nicht überbewertet werden. Erst mehrere in die gleiche Richtung geneigte Steine bedeuten ein einigermaßen verlässliches Indiz.
Raufrost (Anraum) entsteht durch Reifbildung bei Wind. Er wächst gegen den Wind, also in den Nordalpen meist nach Nordwest (Nord bis West).

Vollmond

Der Vollmond steht der Sonne gegenüber. Sonne – Erde – Mond bilden somit eine Linie. Man findet den Vollmond um 18.00 Uhr im Osten, um 24.00 Uhr im Süden und um 6.00 Uhr im Westen. Bei Vollmond funktioniert die Methode mit der Zeigeruhr wie bei der Sonne. Für die Sommerzeit gilt eine analoge Verschiebung.

Polarstern und Kreuz des Südens

Der Polarstern, der erste Deichselstern im kleinen Wagen, ist der im Norden ruhende Punkt des Nachthimmels. Um ihn bewegen sich alle anderen Sterne auf einer Kreisbahn. Man findet ihn leicht über das Sternbild des großen Wagens.
Am Südpol befindet sich leider kein heller Stern. Will man die Südrichtung am Sternenhimmel festlegen, orientiert man sich am Kreuz des Südens (Grafik Seite 134). Man sieht das Sternbild zum Teil auch schon etwas nördlich des Äquators. Es fällt durch seine

Oben links: Gletschertische

Oben rechts: Raufrost

Unten links: Bei Vollmond stehen sich Sonne und Mond gegenüber.

Unten rechts: Norden am Nachthimmel

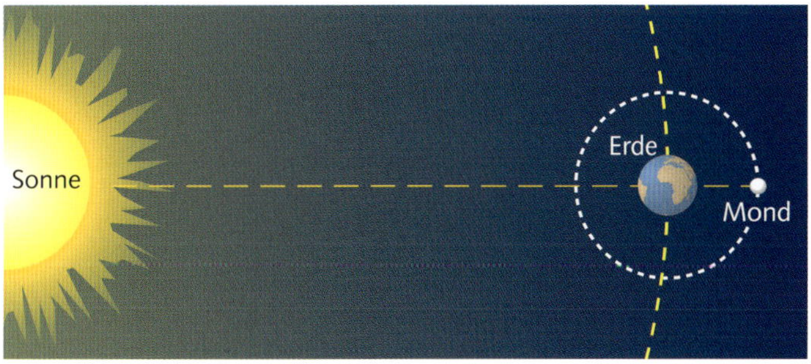

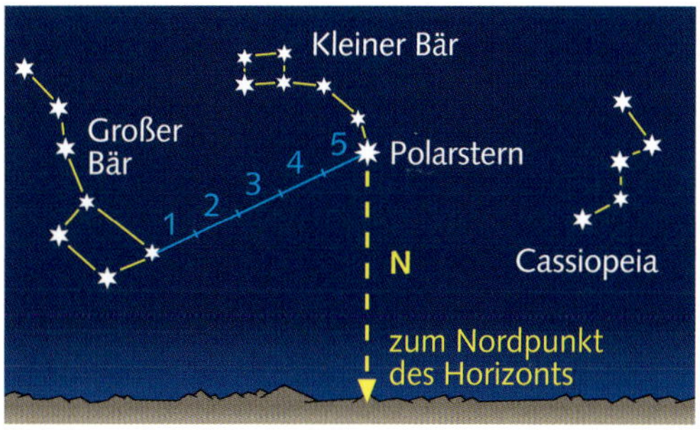

hellen Sterne auf, darf aber nicht mit dem sogenannten »falschen Kreuz« verwechselt werden. Als Erkennungszeichen für das richtige Kreuz dient der in unmittelbarer Nähe befindliche »Kohlensack«, eine auffallende Dunkelstelle der Milchstraße.

Wegmarkierungen

Interessante Bergwanderwege sind meist markiert. Die Markierungen können regional unterschiedlich sein, halten sich in der Regel aber an gewisse Grundsätze. Diese Grundsätze und die unterschiedlichen Kategorien von Wegen werden hier dargelegt (regionale Wege, Alpenvereinswege, Weitwanderwege, Europäische Fernwanderwege). Interessante weiterführende Informationen zu diesem Thema finden Sie im »Alpin-Lehrplan 1, Bergwandern, Trekking«.

Regionale Wege

Regionale Wege werden von den Gemeinden unterhalten. Sie sind jeweils mit den Ziffern 1 bis maximal 99 nummeriert. Dieselben Ziffern können dabei in jeder Gemeinde vorkommen. Wanderwege der Fremdenverkehrsverbände in Tirol und der anderen österreichischen Bundesländer sind zudem nach Schwierigkeit markiert:

- Blaue Wege: leicht
- Rote Wege: mittel, für geübte Bergsteiger
- Schwarze Wege: schwierig, nur für geübte Bergsteiger mit entsprechender Ausrüstung

Süden am Nachthimmel

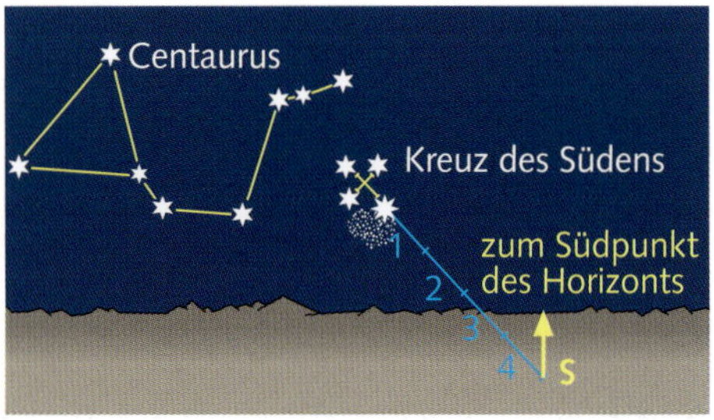

Alpenvereinswege

Die Wege der alpinen Vereine sind meist rot-weiß-rot markiert. Am ihrem Beginn sowie an Abzweigungen befinden sich Wegtafeln mit Zielangabe, Gehzeit, Richtungsangabe und ggf. ergänzenden Hinweisen. Wege dieser Kategorie sind dreistellig nummeriert. Die erste Ziffer ist der Gebirgsgruppe zugewiesen. Die erste Ziffer kann sich in unterschiedlichen Gebirgsgruppen wiederholen – nicht jedoch in benachbarten Gebieten (z. B. Wetterstein 8, Karwendel 2, Kaisergebirge 8). Danach folgt eine zweistellige Zahl. Auf diese Weise sind Verwechslungen ausgeschlossen, da niemals zwei vom gleichen Ort aus beginnende Wege dieselbe Nummer haben können.
In der Schweiz existiert eine schwierigkeitsorientierte Farbsymbolik:

- Gelb: Wanderweg
- Weiß-Rot-Weiß: Bergwanderweg für Erfahrene
- Weiß-Blau-Weiß: alpiner Weg, stellenweise weglos, Kletterstellen oder Gletscherüberquerungen (Ausrüstung!)

Weitwanderwege

Allein in Österreich gibt es zehn Weitwanderwege mit bis zu 23 Tagesetappen. Sie haben die Nummern 01 bis 10. Die zweistellige Nummer eines Weitwanderweges wird wie bei den AV-Wegen mit der Gebietsnummer kombiniert. Beispiel: Die Nummerierung des Nordalpinen Ost-West-Weitwanderweges (Nr. 01) lautet im Kaisergebirge 801, im Karwendel 201, im Wetterstein 801 usw.

Europäische Fernwanderwege

Die acht Europäischen Fernwanderwege sind mit E1 bis E8 bezeichnet. Soweit sie auf Alpenvereinswegen verlaufen, sind zusätzliche Tafeln angebracht, oder die entsprechende Bezeichnung ist auf den bestehenden Wegtafeln ergänzt. Durch die Alpen führen:

- E1: Nordsee – Bodensee – Gotthard – Mittelmeer
- E4: Pyrenäen – Jura – Neusiedler See
- E5: Bretagne – Bodensee – Adria

Orientierung im Gelände

Das bisher dargelegte Wissen stellt eine wichtige Voraussetzung für erfolgreiches Orientieren dar. Zusätzlich zu diesem Wissen benötigt man etliche, im Folgenden behandelte praktische Techniken und Strategien.

Tourenplanung

Die Tourenplanung ist eng mit der taktischen Herangehensweise an die jeweilige Unternehmung verknüpft und wird in den entsprechenden Lehrplänen behandelt. Hier seien lediglich die direkt zur Orientierung gehörenden Aspekte dargelegt, nämlich die Kalkulation der Gehzeit und die Option einer Routenskizze.

Kalkulation der Gehzeit

Bei der Kalkulation der Gehzeit berücksichtigt man sowohl den Höhenunterschied als auch die horizontale Entfernung. In aperem (schneefreiem) Gelände geht man davon aus, dass Alleingeher 500 Höhenmeter oder 5 km Entfernung pro Stunde und Gruppen 400 Höhenmeter oder 4 km Entfernung pro Stunde zurücklegen.
Im Winter gelten für Skitouristen ohne Spurarbeit 400 Höhenmeter oder 5 km Entfernung und für Touristen bei Spurarbeit sowie für Skitourengruppen 300 Höhenmeter oder 4 km Entfernung pro Stunde. Für den Abstieg kalkuliert man im Sommer zwei Drittel und im Winter ein Drittel der Aufstiegszeit; Schneeschuhgeher kalkulieren analog zum Sommer zwei Drittel.
Insbesondere die Zeiten für Alleingeher sind stark konditionsabhängig und werden zum Teil erheblich unterboten. Ähnliches gilt für die Abfahrtszeiten im Winter. Sie sind in hohem Maß davon abhängig, wie man Ski oder Snowboard beherrscht.
Man findet die Gesamtgehzeit, indem man sowohl die Zeit für die Höhendifferenz als auch die Zeit für die Entfernung ausrechnet. Den kleineren der beiden Werte halbiert man und addiert ihn zum größeren: Gesamtgehzeit = größere Zeit + die Hälfte der kleineren Zeit.
Für längere Touren plant man zusätzlich zum berechneten Wert alle zwei Stunden 20 bis 30 Minuten Pause ein.
Beispiel: Gehzeit vom Wirtshaus Enterrottach (790 m) zum Risserkogel (1 825 m) über Via Alpina für eine Gruppe im Sommer (siehe Karte auf Seite 116):
Höhendifferenz: 1 825 m – 790 m = 1 035 m
Distanz (geschätzt): 7 km
Zeit Höhe: 1 035 : 400 = 2,6 Std.
Zeit Strecke: 7 : 4 = 1,75 Std.
Kleinere Zeit halbiert: 1,75 Std. : 2 = 0,9 Std.
Gesamtzeit Aufstieg: 2,6 + 0,9 = 3,5 Std.
Kalkulation inkl. Pausen: 4 Std.

Oben: Gehzeiten im Sommer

Unten: Gehzeiten im Winter

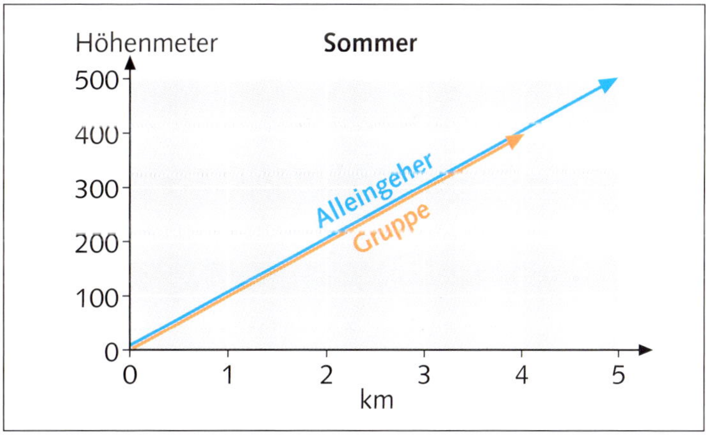

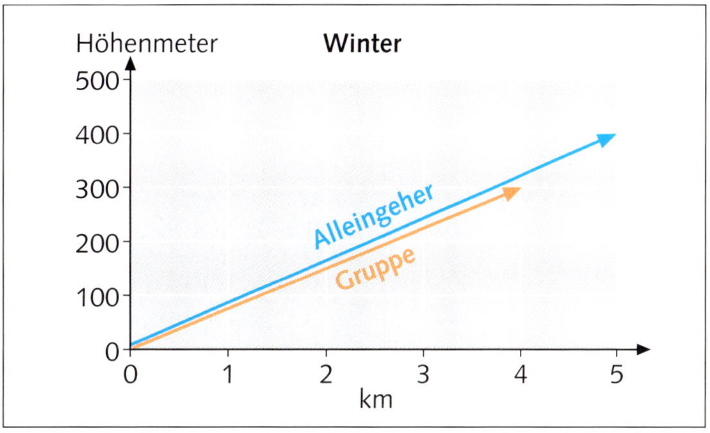

Man erleichtert sich das Rechnen, wenn man (wie oben geschehen) in Stunden rechnet und Dezimalstunden anstelle von Minuten benützt. Der Endwert kann bei Bedarf leicht in Minuten umgerechnet werden. Man multipliziert dazu die Dezimalstellen mit 60 (Beispiel 1,75 Std. → 0,75 × 60 = 45 min → 1 Std. 45 min).
Es macht Sinn, den Aufstieg lediglich in einer Etappe zu berechnen. Der Rechenaufwand bei mehreren Etappen nimmt erheblich zu und das Ergebnis ändert sich kaum. Man sollte nie vergessen, dass die Gehzeitkalkulation nur einen Anhaltswert darstellt. Es empfiehlt sich, bei der Planung ein entsprechendes Zeitpolster zu kalkulieren.

Routenskizze

Für alpine Unternehmungen in weglosem Hochtourengelände oder auf Gletschern kann es hilfreich sein, eine Routenskizze zu erstellen. Besonders bei unsicherer Wetterlage wird man auf diese Option nicht verzichten, da sie auch bei Nebel zielgerichtetes Weiterkommen ermöglichen.
Die Skizze ist spätestens dann zu erstellen, wenn man in weglosem Gelände mit Sichtbehinderung durch Nebel oder Wolken rechnen muss. Wer auf Nummer Sicher gehen will, bereitet die Skizze aber schon zu Hause oder bei der Tourenvorbereitung in der Hütte vor. Das hat den nützlichen Nebeneffekt, dass man die Karte genau studiert und die Tour sozusagen vorweg kennen lernt.
Die Skizze wird in das Kartenblatt oder in eine Kopie der Karte eingezeichnet. Aufwändiger und zudem weniger übersichtlich ist eine sogenannte Kammverlaufsskizze. Man paust die wichtigsten Strukturen der Karte auf ein Extrablatt durch und zeichnet den Wegverlauf ein. Ein direkter Abgleich zwischen Karte und Route ist in diesem Fall nicht möglich.
Für das Gehen nach Routenskizze ist der eineinhalb- bis zweifache Zeitbedarf der normalen Gehzeit zu kalkulieren. Die früher oftmals benützte Wegetabelle ist hier nicht dargestellt. Sie ist mühsam zu handhaben und wenig übersichtlich.

Die gewünschte Marschroute wird in gerade Teilstrecken unterteilt. Die Teilstrecken sollen möglichst an markanten (auch bei Nebel erkennbaren) Geländepunkten enden, z. B. an Felsspornen, Hütten oder Scharten. Sofern die Etappe entlang einer markanten Geländeformation (z. B. Bach oder scharfgratige Moräne) verläuft, kann sie auch gekrümmt sein. Die Teilstrecken und Wendepunkte werden je nach Bedarf mit folgenden Informationen versehen:

- Richtungszahl
- Entfernung
- Höhenunterschied
- Höhe (Wendepunkt)
- Ggf. Anmerkungen

In der älteren Literatur wurde zum Teil auch die Angabe der entgegengesetzten Richtungszahl empfohlen. Darauf kann man verzichten. Um die Route rückwärts zu begehen, empfiehlt es sich, mit Südnadel in der »Garage« zu peilen. Das ist einfacher, übersichtlicher und weniger fehleranfällig als inverse Richtungszahlen zu berechnen.
Für die Auswahl der Teilstrecken gibt es etliche taktische Überlegungen. Wichtige Kriterien sind:

- Geländesteilheit: Insbesondere wenn man im Winter unterwegs ist, sollen Steilstufen vermieden werden (Lawinengefahr).
- Objektive Sicherheit: Etappen dürfen nicht durch steinschlag- oder lawinengefährdetes Gelände oder durch Spaltenzonen gelegt werden. Solche Bereiche sind aus Sicherheitsgründen bereits in der Planung großräumig zu umgehen.
- Gangbarkeit des Geländes: Man vermeidet aus der Karte ersichtliche Geländebeschaffenheiten, die das Vorankommen behindern (z. B. Unterholz, Latschenbewuchs, Geröll- oder Blockfelder).
- Eindeutigkeit: Peilt man beispielsweise eine Scharte exakt an, kann ein Messfehler dazu führen, dass man rechts oder links der Scharte auf einen Wandfuß trifft. Man weiß dann nicht, ob sich die Scharte rechts oder links befindet. Peilt man von vornherein knapp rechts neben die Scharte, wird sich

dieselbe links befinden, sobald man auf den Wandfuß trifft.

Beispiel: Routenskizze von Punkt 3166 zur Hochvernagl-Wand. Die wichtigsten Informationen sind in der Skizze eingezeichnet. Am P 3166 unbedingt den Höhenmesser nachjustieren. Mit ca. 330° zum Gletscherbeginn. Der Felssporn wird mit 57° mittig angepeilt. Das mittige Anpeilen bietet eine gewisse Fehlertoleranz, da man so die größte Chance hat, den Felssporn zu finden (vgl. Abweichungen durch Peilfehler, Seite 126). Weiter geht es an seinem östlichen Ende. Die folgende Etappe ist extrem flach. Sie endet, wo man abwärts gehend wieder auf die Höhenlinie 3180 trifft. Genauer ist in diesem Fall eine Streckenmessung (siehe Seite 146). Die 110°-Etappe endet, wo das Gelände bei 3240 wieder horizontal wird (ggf. auch hier Streckenmessung). Dann nach Richtungszahl immer geradeaus bis vor die Felsabbrüche jenseits des Gipfels (Achtung: Wechten möglich) und je nach Peilfehler rechts oder links zum Gipfel.

Praktische Fertigkeiten

Das Gehen nach Routenskizze stellt sozusagen die Ultima Ratio der Orientierung dar. Die Technik sollte beherrscht werden, damit man in entsprechenden Situationen nicht hilflos umherirrt. Trotzdem wird man in der Praxis lieber rechtzeitig umkehren, wenn die Wetterzeichen Verschlechterung erwarten lassen.
Doch auch bei guter Sicht können Orientierungsprobleme auftreten (z. B. Finden einer Kletterroute). Ihnen begegnet man am besten durch die Kenntnis der möglichen problematischen Situationen sowie durch vorausschauendes Planen und Handeln.

Rückweg einprägen

Für jeden Höhlenforscher ist es ein Muss, sich immer wieder umzudrehen und sich den Rückweg einzuprägen. Beim Bergsteigen findet dieser Aspekt oft sträflich wenig Beachtung. So kennt wahrscheinlich jeder die Situation, dass man einen »Verhauer« produziert – nur weil man sich den Rückweg nicht gemerkt hat. Besonders nach Abzweigungen oder wenn sich der Weg in einer Wiese oder einem Geröllfeld verliert, sollte man sich regelmäßig umdrehen und sich das Gelände aus diesem Blickwinkel für den Rückweg einprägen. Im Zeitalter der digitalen Fotografie ist es auch kein Problem, entsprechende Stellen aufzunehmen und ggf. mit einem kurzen Hinweistext zu versehen.

Schätzen von Entfernungen und Höhen

Um Entfernungen richtig zu schätzen, muss man die ungefähre Höhe oder Größe des betrachteten Objektes kennen. Außerdem gibt es Erfahrungswerte, welche Einzelheiten man auf welche

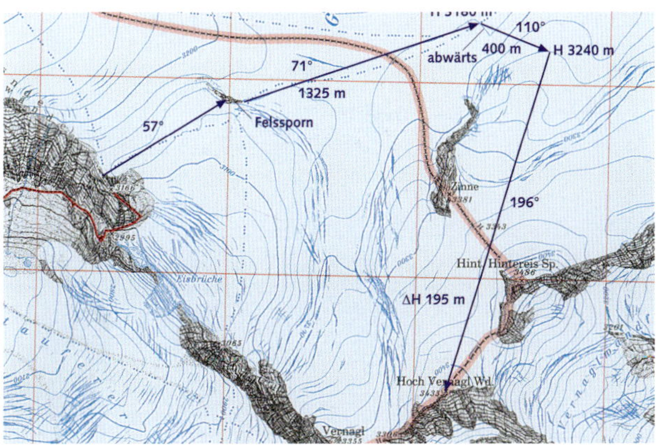

Links: Routenskizze vom Punkt 3166 zur Hochvernagl-Wand (Abdruck mit freundlicher Genehmigung des Österreichischen Alpenvereins), siehe Seite 117

Rechts: Größenvergleich zum Schätzen von Entfernungen

Entfernung gerade noch erkennen kann. Sie variieren je nach individueller Sehleistung. Hilfreich ist in diesem Zusammenhang, eigene Erfahrungswerte zu sammeln. Man muss die Distanz kennen und merkt sich, welche Objekte man auf diese Entfernung noch wahrnehmen kann. Größenvergleiche gleich großer, aber unterschiedlich weit entfernter Objekte (z. B. Bäume) erlauben eine gute Einschätzung größerer Distanzen. Die Entfernungen der drei Bäume verhalten sich umgekehrt proportional zu ihren scheinbaren Höhen. Der rechte Baum ist zweimal und der mittlere Baum viermal so weit entfernt wie der nächstgelegene.
Bei Nebel erscheinen Entfernungen oft zu groß. Geländeformen werden größer eingeschätzt, als sie tatsächlich sind. Mit dieser Tatsache ist oftmals ein »Einschüchterungseffekt« verbunden. Sofern nicht objektive Gefahren drohen, ist es daher sinnvoll, einige Schritte weiterzugehen und die »Welt« aus dieser neuen Perspektive zu betrachten.
Um die Höhe des eigenen Standortes (z. B. in einer Bergflanke) abzuschätzen, kann ein nahe gelegener Gipfel (oder ein sonstiger, in der Karte identifizierbarer Geländepunkt) dienen. Man verwendet den entfernten Horizont als Visierlinie und erkennt, dass man sich im Beispiel auf Seite 141 knapp unterhalb des Gipfels des Piztaler Urkund (3 201 m) befindet, also auf etwa 2 180 m. Im Bild auf Seite 140 befindet sich der Betrachter rund 200 m über dem Gipfel. Dies kann man abschätzen, wenn man weiß, dass der Sattel links unten im Bild 2 854 m hoch ist, also etwa 350 m niedriger als der Urkund.
Die Visier-Methode klappt nicht, wenn der Horizont durch einen nahe gelegenen, wesentlich höheren Berg gebildet wird.

Kletterrouten finden

Ein leidiges Thema: Man läuft am Wandfuß hin und her, und der Führertext passt hier wie dort bzw. eigentlich überhaupt nicht. In diesem Fall sitzt der Wurm bereits in der Planung – verbale Führertexte sind die schlechteste Option. Besser sind Routentopos und noch besser ist ein Wandfoto mit eingezeichnetem Routenverlauf. Man sollte sich bemühen, bereits im Vorfeld möglichst brauchbare Informationen über die geplante Route zu bekommen. Existiert nur Text, kann man diesen in ein Topo »übersetzen« (zeichnen). Sofern der Weg zum Einstieg bei einer Schutzhütte vorbeiführt oder man

Orientierung bei Nebel

in einer solchen übernachtet, gibt es noch einige weitere Möglichkeiten:

- Bescheid geben, wohin man aufbricht.
- Den Hüttenwirt oder ggf. anwesende Bergführer nach Einstieg und Routenverlauf befragen.
- Die genannten Personen nach den aktuellen Verhältnissen befragen (z. B. Randkluft, Nässe, Wettereinschätzung).
- Nach (besseren) Wandfotos Ausschau halten.

Um im Rahmen von Wegbeschreibungen o. Ä. die Begriffe »rechts« und »links« verbindlich nutzen zu können, existiert der Begriff »orografisch«. Er bedeutet: in Richtung des fließenden Wassers. »Orografisch rechts« heißt also: auf der rechten Seite, wenn man talauswärts blickt und demzufolge auch: auf der linken Seite, wenn man taleinwärts blickt.

Standort ca. 200 m höher als der nahe gelegene Gipfel (vgl. Text Seite 139)

Von der Wand entfernter Betrachtungspunkt für die geplante Route

Kann man die Wand oder Flanke, in der die Route verläuft, gut sehen, sucht man einen Platz, der eine möglichst unverzerrte Betrachtung erlaubt. Ggf. wählt man den Anstieg in diesem Zusammenhang bewusst etwas ausholend. An dem Betrachtungspunkt sollte man:

- Die grobe Durchstiegslinie der Route identifizieren.
- Den Einstig festlegen.
- Den Routenverlauf gemäß Topo nachvollziehen und sich markante Wandformationen merken (ggf. Digitalfoto).
- Unklare Stellen im Topo markieren und die möglichen Alternativen gedanklich im Auge behalten.

Wer zu nahe an die Wand herangeht, verliert schnell die Übersicht und sieht weiter oben befindliche Wandteile eventuell überhaupt nicht mehr ein. Andererseits sind Details aus großer Distanz möglicherweise noch nicht zu erkennen. Das bereits erwähnte Qualitätsfernglas (siehe Seite 129) leistet in diesem Zusammenhang gute Dienste.

Einnorden der Karte

Das Einnorden der Karte erfolgt durch direkten Vergleich mit dem Gelände. Dafür eignen sich besonders Liniensignaturen (z. B. Täler, Flüsse, Straßen). Man dreht die Karte so, dass sie parallel zum entsprechenden Objekt in der Natur ausgerichtet ist. Auch bekannte Gipfel sind zum Ausrichten geeignet.
Alternativ kann die Karte mit dem Kompass eingenordet werden. Richtungszahl Null einstellen – Windrose am Gitter ausrichten – Kompass und Karte gemeinsam drehen, bis die Nadel in der »Garage« ist.
Der direkte Geländevergleich ist jedoch vorzuziehen. Er geht schneller und trainiert jedes Mal die ohnehin unverzichtbare Fähigkeit, Karte und Gelände gedanklich in Übereinstimmung zu bringen.

Bestimmen des Standorts ohne technische Hilfsmittel

Die unmittelbare Bestimmung des eigenen Standortes ist an besonderen Geländepunkten (z. B. Kuppen, Flussmündungen) oder an sonstigen, in der Karte erkennbaren Punkten (z. B.

Links: Schlüsselstelle Einstieg

Rechts: Standort ca. 20 m niedriger als der nahe gelegene Gipfel. (vgl. Seite 139)

Almhütten, Wegkreuzungen) möglich. Abschätzen von Entfernungen und Höhen ermöglicht auch für die übrigen Punkte eine mehr oder weniger exakte Standortbestimmung.
Analog zum Einnorden der Karte versuche man die Standortbestimmung zunächst immer ohne zusätzliche Geräte (guter Übungseffekt). Die Überprüfung durch Höhenmesser und Bussole bringt ggf. Gewissheit und kann zur Eigenkontrolle genützt werden.

Orientierung mit Geräten

Bei Nebel in weglosem Gelände sind Bussole und Höhenmesser erforderlich. Die folgenden Techniken benötigt man, um sich einzupeilen und sich bei schlechter Sicht zielgerichtet zu bewegen.

Peilen und vorwärts einschneiden

Grundsätzlich dient Peilen dazu, die Richtungszahl zu einem bestimmten Geländepunkt zu finden oder dazu, eine bestimmte Richtungszahl ins Gelände zu übertragen.
Beide Vorgänge werden als »vorwärts einschneiden« bezeichnet. Zunächst wird dargelegt, wie man die Richtungszahl zu einem unbekannten Geländepunkt ermittelt und in die Karte überträgt.

- Spiegel so einstellen, dass man mit seiner Hilfe von oben auf die Windrose blickt (siehe Seite 125).
- Bussole etwa 40 bis 60 cm (weitgehend gestreckter Arm) vom Auge entfernt halten.
- Mithilfe der Peilvorrichtung den gewünschten Geländepunkt anvisieren.
- Windrose drehen, bis die Nordnadel mit der Markierung übereinstimmt (»Nadel in die Garage«, siehe Seite 125).
- Bussole beim Peilen horizontal halten (die Nadel kann sonst nicht frei schwingen).
- Anvisierten Geländepunkt und richtigen Stand der Kompassnadel nochmals kontrollieren.
- Richtungszahl an der Ablesemarke ablesen.
- Anlegekante der Bussole am Ausgangspunkt (eigener Standort) anlegen.
- Die Bussole um den Ausgangspunkt drehen, bis Norden der Windrose mit Norden des

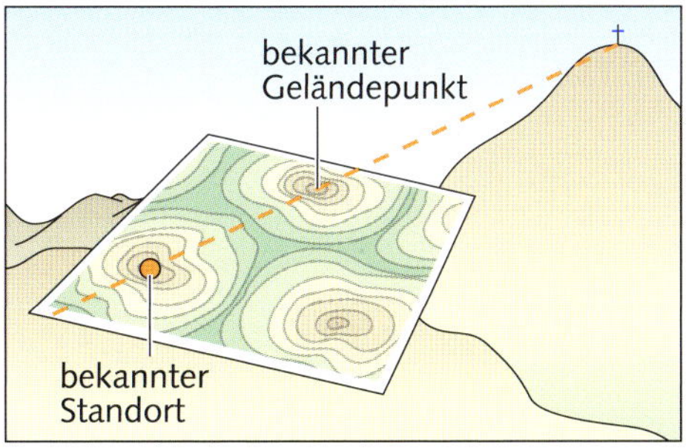

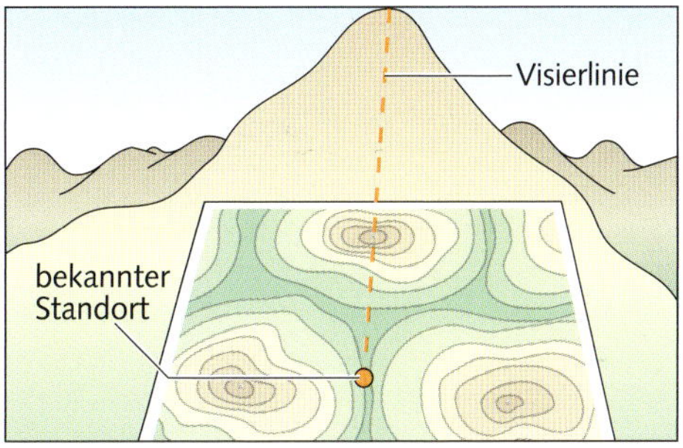

Links: Fernglas für die Wandbetrachtung

Rechts oben: Peilen mit 83°. Parallaxenbedingt erscheint die Nadel gegenüber der »Garage« leicht versetzt.

Rechts unten: Karte durch Geländevergleich einnorden

Gitters übereinstimmt (Richtungszahl dabei nicht verstellen).
- Der gesuchte Zielpunkt befindet sich auf der Linie der Anlegekante in Peilrichtung.

Falls mehrere Gipfel auf oder knapp neben der Linie liegen, hilft Abschätzen der Entfernungen und Karte-Gelände-Vergleich. Ggf. ist zu klären, ob man den Kartenpunkt überhaupt sieht oder ob er verdeckt ist (siehe Seite 119).
Das umgekehrte Verfahren kann zum Ziel haben, einen auf der Karte ausgemachten Gipfel im Gelände zu identifizieren. Man ermittelt seine Richtungszahl aus der Karte, stellt sie auf der Bussole ein und peilt. Voraussetzung ist wie beim vorhergehenden Verfahren, dass man den eigenen Standort kennt.
Beispiel: Laut Karte sieht man die schmale Schuttrinne, die den Anstieg von der Oberreintalhütte zur Meilerhütte vermittelt, von der Hütte aus unter 83°. Diesen Wert stellt man an der Bussole ein, peilt und erkennt die Rinne im Gelände.
Abschließend sei zu beiden Verfahren angemerkt, dass man oft auch ohne sie auskommt. Meist kann durch Vergleich von Karte und Gelände der gesuchte Punkt, zum Beispiel ein Gipfel, schon identifiziert werden. Erst wenn dies nicht gelingt oder man die eigene Vermutung durch eine Messung bestätigen will, sollte man auf technische Verfahren zurückgreifen.

Standortbestimmung mit Höhenmesser und Bussole

Ein korrekt eingestellter Höhenmesser liefert beim praktischen Orientieren oft wichtige Informationen. Bewegt man sich etwa entlang einer steil ansteigenden Forststraße, kann man den Standort sofort angeben. Man bedenke allerdings, dass Fehler bei der Höhenangabe Abweichungen bei der Standortbestimmung bewirken. Letztere stehen in Abhängigkeit von der Geländesteilheit. Die Abbildung auf Seite 143 oben zeigt, dass der resultierende Fehler bei flachem Gelände erheblich zunimmt. Unterhalb von 5 bis 10° Neigung arbeitet man daher primär mit Karte-Gelände-Vergleich. Spätestens im Moment einfallenden Nebels sollte man sich über den eigenen Standort im Klaren sein. Sofern die unmittelbare Bestim-

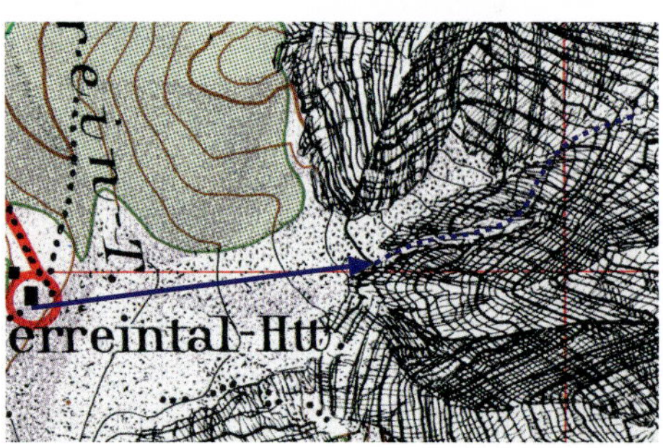

Links oben: Peilen

Links unten: Der Steig zur Meilerhütte (Abdruck mit freundlicher Genehmigung des Deutschen Alpenvereins)

Rechts: Peilen mit 83°. Parallaxenbedingt erscheint die Nadel gegenüber der »Garage« leicht versetzt.

mung durch Kartenvergleich nicht möglich oder nicht hinreichend genau ist, behilft man sich mit Höhenmesser und/oder Bussole.
Das Prinzip der folgenden Methoden besteht immer darin, zwei Linien (sichtbare, gedachte oder konstruierte) miteinander zum Schnitt zu bringen.
Um mit dem Höhenmesser zu arbeiten, braucht man eine gewisse Neigung des Geländes, wie oben dargelegt. Die Standortbestimmung erfordert eine hangaufwärts ziehende Geländeform (z. B. Geröllfeld, Rinne, Rippe, Bach, Grat), Bewuchsänderung (z. B. Waldrand, Waldschneise) oder Bebauung (z. B. Seilbahn). Diese kann in der Karte identifiziert und mit der Höhenlinie des Standortes (gemäß Höhenmesser) geschnitten werden.

Seitwärts abschneiden

Man muss sich auf oder neben einer in der Karte erkennbaren Liniensignatur (z. B. Bach, Weg) befinden. Man sucht einen Geländepunkt, der in der Karte ausfindig gemacht werden kann, und bestimmt mit der Bussole die Richtungszahl zu diesem. Je weiter der Geländepunkt entfernt ist, desto größere Fehler treten auf (siehe Seite 126). Man wählt daher einen möglichst nahen Punkt. Des weiteren sollte sich der Punkt mit der Liniensignatur möglichst rechtwinklig schneiden. Spitze oder stumpfe (nahe bei 180° gelegene) Schnittwinkel verursachen große Fehler. Beim Übertragen der Richtungszahl verfährt man folgendermaßen:

- Anlegekante der Bussole im Bereich des Spiegels am (anvisierten) Zielpunkt anlegen.
- Die Bussole um diesen Punkt drehen, bis Norden der Windrose mit Norden des Gitters übereinstimmt.
- Der gesuchte Standort befindet sich nun auf der Linie der Anlegekante entgegen der Peilrichtung.
- Um den Standort festzulegen, muss man die Peil-Linie mit der anfangs erwähnten Liniensignatur schneiden.

Beispiel: Die auf Seite 144 abgebildeten Skitouristen messen ihre Standorthöhe mit 3 340 m und peilen den hinteren Brochkogel mit 173° an. Wo befinden sie sich?

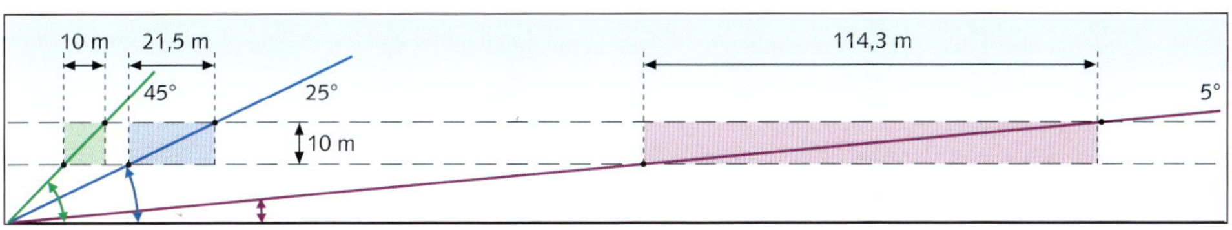

Oben: Je flacher das Gelände, desto gravierender wirken sich Fehler bei der Höhenmessung aus.

Links: Droht Nebel einzufallen, sollte der Standort bekannt sein.

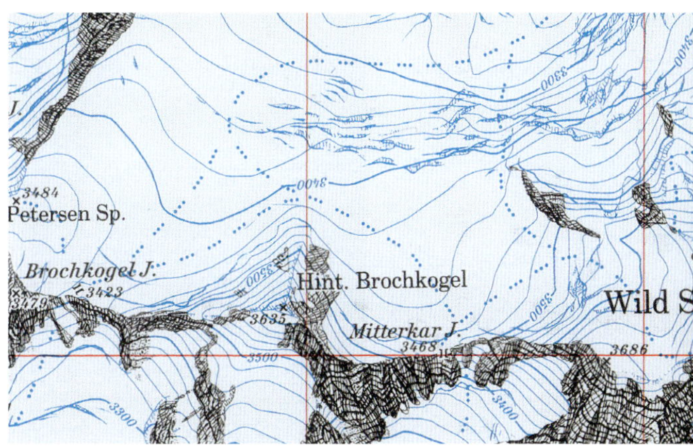

Rechts: Wo ist der Standort der Skitouristen auf dem Foto auf Seite 144? (Ausdruck mit freundlichen Genehmigung des Österreichischen Alpenvereins)

Rückwärts einschneiden

Sofern geländebedingt keine Informationen über den Standort zu erhalten sind, führt man die zuvor beschriebenen Peil- und Übertragungsvorgang zweimal in verschiedene Richtungen durch und erhält so den Standpunkt als Schnitt zweier Geraden. Auch hier gilt, dass deren Schnittwinkel im Bereich von etwa 60° bis 120° liegen sollte.
Beispiel: Mangels einer verlässlichen Höhenangabe führen die Skitouristen neben der Brochkogelpeilung (173°) eine Peilung zum Nordgipfel der Wildspitze durch (110°).
Wo befinden sie sich?
Antwort für beide Beispiele: Auf der orografisch linken Skiroute bei 3 040 m. Hätten Sie den Standort auch durch direkten Karte-Gelände-Vergleich gefunden?
Generell können zwei Peillinien noch mit einer dritten Messung kombiniert werden; man erhält dann ein sogenanntes Fehlerdreieck (siehe Seite 147). Seine Größe gibt Aufschluss über die Genauigkeit der durchgeführten Messungen (je kleiner, desto genauer). Für Übungen und wenn man sich im Ernstfall nicht ganz sicher ist, sei diese Form der Selbstüberprüfung außerordentlich empfohlen.

Finden des Zielpunktes durch Messen der Gehstrecke

Spaltenzonen großräumig zu umgehen, kann Richtungsänderungen mitten auf dem Eis erfordern. Wie dargelegt, eignet sich der Höhenmesser bei flachem Gelände nur bedingt. Hinzu kommt das durch den Klimawandel bedingte Abschmelzen des Eises seit Bestimmung des Gletscherstandes in der Karte. So können Streckenmessungen die einzige Möglichkeit sein, eine vorgesehene Route hinreichend genau einzuhalten. Dazu gibt es mehrere Möglichkeiten:

- Schritte zählen (Voraussetzung dafür ist, dass die individuelle Schrittlänge bekannt ist).
- Schritte zählen mit Ski. Hier kann man durch eine entsprechende Markierung der Ski eine definierte Schrittlänge einhalten.
- Seillängen markieren.

Für die letzte Technik seilt man sich normal an, wobei die Länge der gesamten Seilschaft bekannt sein muss (Knoten brauchen Seil!). Der Seilerste macht eine Markierung in den Schnee. Daraufhin setzt sich die ganze Seilschaft in Bewegung. Hat der Letzte die Markierung erreicht, bleibt er stehen. Dadurch strafft

Aufstieg zur Wildspitze

sich das Seil und der Erste hat seine Position für die nächste Markierung. Jeder Teilnehmer zählt die so gewonnene Anzahl der Seillängen. Da alle Teilnehmer fast ständig in Bewegung sind, ist der zeitliche Mehraufwand gering. Die Anzahl der Seillängen multipliziert mit deren Länge ergibt die zurückgelegte Entfernung. Um eine definierte Strecke zu gehen, rechnet man sie vorab in Seillängen um.

Entfernung = Anzahl Seillängen × Länge der Seilschaft
Anzahl Seillängen = Entfernung : Länge der Seilschaft

Gehen nach Richtungszahl

Alle bisherigen Techniken erfordern Sicht, sind also eher vorbereitender Natur. Gehen nach Richtungszahl geschieht im Nebel. Nebel bedeutet auch eine Risikozunahme. Alpine Gefahren wie Lawinen oder Steinschlag können bei Nebel deutlich schlechter erkannt werden.
Grundsätzlich versucht man den zeitlichen Mehraufwand für Orientierungsmanöver so gering wie möglich zu halten – kein Verfahren, bei denen sich z. B. immer nur eine von drei Personen bewegt. Ein weiterer Grundsatz ist, dass sich der Peilende entweder ganz vorne oder an zweiter Position befindet. Von hinten aus ist die Kommunikation mit dem Führenden eingeschränkt. Je nach Sicht, erforderlicher Genauigkeit und Anzahl der orientierungsfähigen Personen sind unterschiedliche Verfahren möglich:

- Sind Geländepunkte erkennbar, peilt man einen geeigneten Punkt an und geht anschließend dorthin. Sind keine Geländepunkte erkennbar, bestimmt die Frage der erforderlichen Genauigkeit das Verfahren.
- Muss man nicht wirklich exakt nach Richtungszahl gehen, sondern nur die grobe Richtung halten, überprüft der Führende seine Gehrichtung in regelmäßigen Abständen mit der Bussole.
- Für mehr Präzision geht ein Teilnehmer auf Sichtweite voraus. Die zweite Person weist ihn durch regelmäßiges Peilen und entsprechende Zurufe ein. Der Rest der Gruppe folgt in geringem Abstand. Dabei bewegt sich die Gruppe gleichmäßig voran, lediglich die beiden Ersten müssen immer wieder stehen bleiben und ihre Einweisungen durchführen.

Einweisen des Vorausgehenden

Seillängen zählen

- Gibt es nur eine einzige Person, die peilen und führen kann, geht sie auf Sichtweite voraus und justiert sich selbst immer wieder durch Rückwärtspeilen zur Gruppe. Man macht nach jeder Justierung eine Markierung, bei der die Gruppe die nächste Rückwärtspeilung abwartet.

Bei der Methode mit Einweisen durch den Zweiten kann man in verschneitem Gelände (Skitour, Wettersturz bei Hochtour) über die Spur visieren. Dadurch lässt sich die Anzahl der erforderlichen Peilungen erheblich reduzieren (Zeitersparnis). Der zweite Mann begradigt dabei die vom Vorausgehenden gelaufenen Abweichungen (punktierte Linie). So kann er jederzeit weitere korrekte Einweisungen problemlos durchführen.

Oben: Über die Spur visieren

Unten: Das Fehlerdreieck gibt Aufschluss über die Qualität der Peilungen.

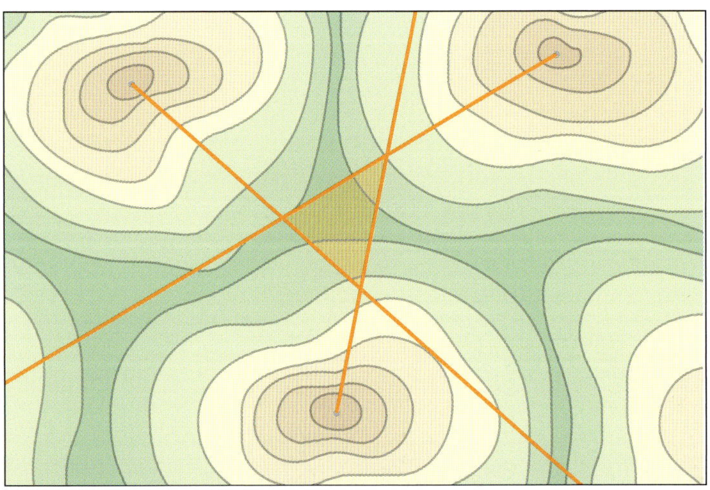

Gehen nach Routenskizze

Hier kommen die zuvor beschriebenen Techniken zur Geltung. Mit ihrer Hilfe sollte es kein Problem darstellen, die Zielpunkte einer korrekt und realistisch geplanten Skizze zu finden. Bei diesem Vorgehen sei Disziplin angemahnt. Hat man den Weg einmal verloren, ist der Erfolg gefährdet. Gerade in vermeintlich einfachem Gelände arbeitet man unter Umständen nicht mit voller Konzentration. Schwierigkeiten entstehen oft auch, wenn die Skizze zu großzügig angelegt wurde und Steilaufschwünge, Bachläufe oder Gletscherspalten nicht entsprechend gewürdigt sind.

Überwinden von Steilstufen und Hindernissen

Besonders mit Skiern kann es fast unmöglich sein, kurze Steilstufen oder längere steile Hänge direkt nach Richtungszahl zu bewältigen. Hier behilft man sich, indem der Peilende (und der Rest der Gruppe) zunächst stehen bleibt, während der Erste eine Serpentine ausläuft. Die zweite Kehre legt man auf Einweisung genau in Richtungszahl. Statt eine Kehre zu machen, kann man auch eine Markierung im Schnee anbringen. Jetzt folgt die Gruppe, während der Vorausgehende bereits die nächste Serpentine anlegt.
Unerwartete Hindernisse beim Gehen nach Richtungszahl sind im Wesentlichen angeschwollene Bachläufe und Gletscherspalten. In beiden Fällen markiert man die Stelle, wo man auf das Hindernis gestoßen ist (Steinmann oder Schneeanhäufung) und läuft anschließend am Hindernis entlang, bis man es überwinden kann. Dann geht man auf der anderen Seite wieder zurück bis zur Markierung. Ggf. bringt man sich mit einer Rückwärtspeilung wieder exakt auf die ursprüngliche Linie. Hat man sie wieder gefunden, kann man mit der bestehenden Richtungszahl weitergehen.
Nicht empfehlenswert sind die in der älteren Literatur mitunter dargestellten Winkelumgehungsmethoden (90°-Methode, 60°-Methode). Sie sind fehleranfällig und erfordern in jedem Fall Streckenmessungen.

Orientierung mit GPS

Seit dem 2. Mai 2000 liegt die Systemgenauigkeit der GPS-Navigation dank der Abschaltung der künstlichen Verschlechterung durch das amerikanische Militär bei 5 bis 15 m. Dadurch wurde die Nutzung von GPS-Geräten für Bergsteiger interessant. Im Alpenraum trifft man inzwischen häufig Nutzer von GPS-Geräten.

Wie wichtig ist ein GPS-Gerät?

Bevor man sich die Frage stellt, ob und wofür man ein GPS-Gerät benötigt, muss man sich im Klaren sein, dass die Orientierung auf klassische Art und Weise (mit Höhenmesser, Karte und Kompass) als Hintergrundwissen beherrscht werden muss. Der Anwendungsbereich spielt eine große Rolle. Nur auf den Alpenraum bezogen macht ein GPS-Gerät Sinn, wenn man sich häufig auf Hochtouren oder Skihochtouren mit großen (Gletscher-) Flächen bewegt.
Zum Beispiel ist eine Begehung des Großen Alpengletschers von der Konkordiahütte zu den Katzenlöchern, um nach Bettmeralp zu kommen, bei Schneefall, Wind und schlechter Sicht mit klassischen Mitteln sehr anspruchsvoll. Mit hinterlegter digitaler Karte, eingegebenen Wegpunkten oder Track (Weg/Spur) bzw. Route im GPS-Gerät ist es eine leichte Orientierungsaufgabe. Auch in klassischer Orientierung erfahrenen Bergsteigern oder Bergführern bietet die Satellitennavigation ein Plus an Sicherheit.

Grundlagen

Die GPS-Navigation wurde ab 1973 in den USA hauptsächlich für militärische Zwecke entwickelt (GPS = Global Positioning System). Im Jahre 1993 waren noch 24 Satelliten für die GPS-Navigation im Umlauf, 2002 waren es bereits 32 Satelliten (Stand 16. Mai), 2013 sind es 35 Satelliten. Bis Mai 2000 lag die Genauigkeit für zivile Nutzer bei ca. 100 m. Danach wurde die künstliche Verschlechterung der Genauigkeit abgeschafft, was zu einem Aufschwung der GPS-Nutzung im Outdoor- und Fahrzeugbereich führte.

Das GPS-Gerät bietet zusätzliche Sicherheit.

Bis dahin konnten nur autorisierte Nutzer mit »Schlüssel« die Genauigkeit genießen. Ein GPS-Gerät ist seither 4 bis 15 m genau und dadurch für die zivile Nutzung im Alpenraum interessant. Die Genauigkeit verbessert sich momentan geringfügig durch sukzessives Ersetzen älterer Satelliten (z. B. erhöhte Signalstärke, genauere Atomuhren in neuen Satelliten). Das amerikanische Militär behält sich jedoch vor, die Nutzung in Krisengebieten einzuschränken.

Die Entwicklung des europäischen Systems »Galileo« wird noch Jahre dauern. Seit Februar 2012 sind zwei Satelliten auf Probeflug in der Erdumlaufbahn. Bis 2020 soll das europäische Positionierungssystem voll einsatzfähig sein.

Seit 1. Januar 2012 ist das russische Satellitennavigationssystem »Glonass« (Globales Satellitennavigationssystem) einsatzbereit. Im Moment befinden sich 24 Satelliten im All, 2015 sollen es 30 sein. Kompatible Geräte gibt es u. a. von Apple. Das iPhone 4S kann neben GPS auch russische Satelliten orten.

Jeder Satellit hat seinen Fahrplan (Satellitenalmanach). Daher sind Zeit und Position eines jeden Satelliten bekannt. Für die Bestimmung der genauen Position des GPS-Gerätes (Länge, Breite, Höhe und Zeit) sind vier Satelliten nötig. Die Satelliten bewegen sich auf sechs Satelliten-Bahnen mit 55° Bahnneigung zueinander um die Erdkugel, die Flughöhe beträgt 20 200 km. Es gibt fünf weltweit verteilte Bodenstationen für die Steuerung und Überwachung der Satelliten sowie eine Master Control Station in den USA.

Die GPS-Messwerte sind Position (Länge, Breite, Höhe), Geschwindigkeit, Bewegungsrichtung und Zeit. Aus diesen Informationen wird alles weitere berechnet, z. B. Richtung und Entfernung zum nächsten Wegpunkt.

Die Positionsgenauigkeit hängt einerseits davon ab, wie viele Satelliten gleichzeitig empfangen werden. Von 35 Satelliten können je nach GPS-Gerät sechs bis zwölf empfangen werden. Außerdem spielt die Geometrie der Satelliten zueinander und die ideale Ausrichtung der Antenne eine Rolle. In engen Tälern oder Schluchten, in Bereichen mit Hochhäusern oder bei dichtem Schneefall kann der Empfang schlecht sein. Moderne Empfänger arbeiten auch im Wald.

Wichtige theoretische Grundlagen der Kartographie für die GPS-Navigation sind Kartenprojektion (z. B. Universal-Transversal-Mercator-Projektion), Kartenbezugssystem (Kartendatum oder geodätisches Datum) und das dringend benötigte Kartengitter mit Positionskoordinaten (z. B. Schweizer Gitter, UTM).

Die richtigen Bezugssysteme müssen am GPS-Gerät und im Computerprogramm eingestellt werden. Ansonsten können fatale Orientierungsfehler (falsches Gitter, falsche Position) auftreten. Die Daten finden sich in der Regel am Kartenrand. Ansonsten hilft ein Anruf beim entsprechenden Vermessungsamt.

GPS im Gelände

Da viele verschiedene GPS-Geräte (inklusive Smartphones) auf dem Markt sind und die Erklärung jedes Knopfdrucks hier zu weit führen würde, soll an dieser Stelle nur eine allgemeine Übersicht gegeben werden. Spezialisten mögen entschuldigen, dass einige Themen nur angerissen sind. Das kleine Kapitel GPS soll einen groben Überblick geben und Interesse wecken.

Kennenlernen des GPS-Gerätes und der grundlegenden Funktionen

Zuerst schaltet man das GPS-Gerät ein und wartet Satellitenempfang ab. Beim Kaltstart, d. h. beim allerersten Einschalten oder beim Einschalten viele Kilometer entfernt vom Ort der letzten Nutzung des GPS-Gerätes kann es bis zu vier Minuten und mehr dauern, bis die gewünschte Genauigkeit von 6 bis 12 m erreicht ist.

Ein Warmstart (Minuten oder Stunden nach dem letzten Einschalten im gleichen Gebiet) bringt schon nach 10 bis 30 Sekunden die erwünschte Genauigkeit. Die Positionsgenauigkeit wird jetzt z. B. mit 8 m Genauigkeit angezeigt, was für uns Bergsteiger zufriedenstellend ist. Dann geht man die verschiedenen Menüseiten mit den einzelnen Funktionen durch und nimmt die Grundeinstellungen (Sprache, Zeit, Einheiten, Kartendatum usw.) vor. Das Kalibrieren von Höhenmesser und elektronischem Kompass (nicht mit jedem GPS-Gerät möglich) darf man nicht vergessen.

Wegpunkt

Als Nächstes kann man zur Übung den eigenen Standort (im Display meist ein kleiner Pfeil) per Knopfdruck (oder per Touch bei modernen GPS-Geräten) als Wegpunkt aufnehmen (und speichern), dann eine Strecke gehen und wieder einen Wegpunkt aufnehmen.

»Track«/»Track back«

Das GPS-Gerät nimmt während des Gehens in kurzen Zeit- und Entfernungsabständen Track-Punkte auf. Diese sind auf dem Display als Linie zu sehen. Die Linie wird z. B. im Garmin eTrex Summit von einem kleinen Männchen gezogen, welches die eigene Position darstellt. Ansonsten ist ein kleiner Pfeil üblich. Diese Linie wird »Track« genannt und spielt in der Navigation mit GPS eine große Rolle. Man kann den Track mit einer Reihe Perlen vergleichen, die man in bestimmten Abständen im Gelände liegen lässt, um den Rückweg wiederzufinden. Den nun gegangenen Track (Spur) im Menü »Tracks« (oder Track Manager) speichern, danach den gespeicherten Track aufrufen und »Track back« aktivieren (bei modernen Garmin Geräten: »Track Manager«, »Track aufrufen«, »Karte anzeigen«, »los«). Es erscheint eine weitere Linie im Display, der zuvor gespeicherte Track. Entlang dieses Tracks zurück zum Ausgangspunkt gehen. Das ist die einfachste Art, um im Nebel zurück zu finden. Wichtig dabei ist, im Display den Kartenmaßstab maximal zu verkleinern, um sich nicht zu weit vom Track zu entfernen.

GPS-Geräte mit elektronischem Kompass zeigen außerdem auf der Zielseite die Gehrichtung an. Bei GPS-Geräten ohne elektronischen Kompass muss man sich bewegen, um die richtige Richtung angezeigt zu bekommen. Navigation verbraucht Energie. So kann man z. B. den Track ohne Track back-Funktion einfach nur auf der Karte anzeigen lassen (z. B. Garmin Oregon 450, Montana 600).

»gehe zu«/»go to«/»los«

Als weitere Navigationsübung kann man den vorhin aufgenommenen zweiten Wegpunkt im Wegpunktverzeichnis öffnen und die Funktion »gehe zu« (oder »los«) aktivieren. Es erscheint wieder eine Linie im Display. Auf dieser geraden Linie zum Wegpunkt gehen.

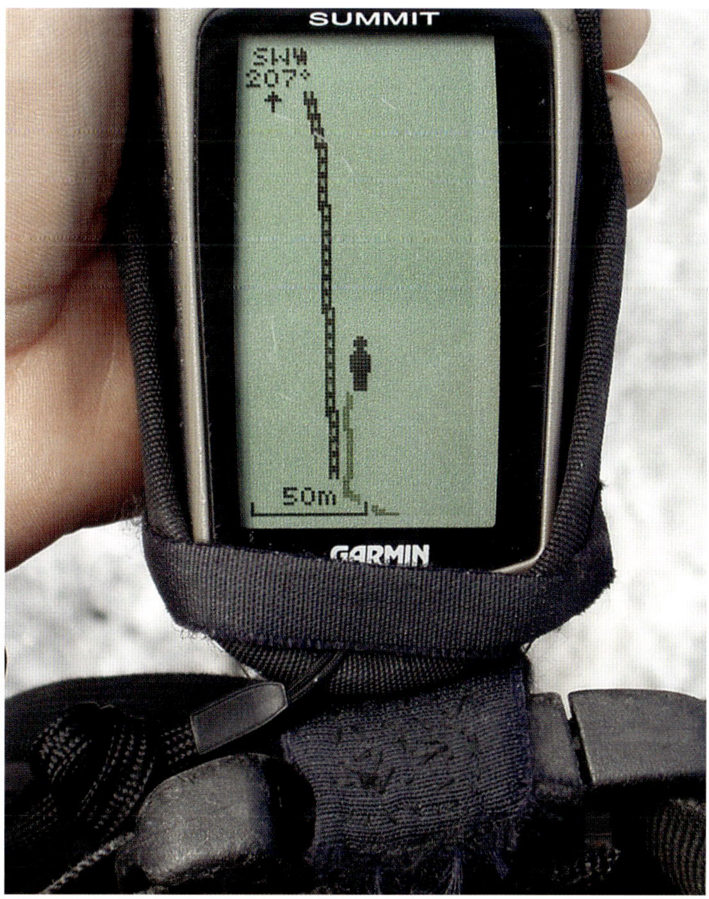

Navigationslinie und Track ohne digitale Karte

Damit (zusätzlich zum Track) sind schon zwei Arten der Navigation abgedeckt. Nach Erreichen des Ziels dringend die Navigation stoppen. Sonst resultiert der oft gemachte Fehler: Man möchte später eine neue Navigation starten, was aber nicht funktioniert. Es können nicht zwei Navigationen nebeneinander laufen. Außerdem wird Energie verschwendet.

GPS/Tourenplanung klassisch

Hier muss man generell unterscheiden, ob man ein etwas älteres oder ein neues, modernes GPS-Gerät besitzt. Wegpunkte und Routen kann man ohne Computerhilfe, nur mit Karte, Winkel- und Entfernungsmesser sowie GPS-Gerät erstellen.
Bei modernen GPS-Geräten mit hinterlegter Karte benötigt man keine weiteren Hilfsmittel.

Verschiedene Tracks in unterschiedlichen Farben auf der Karte angezeigt

Dies ist wichtig, falls man wegen Lawinengefahr oder schlechtem Wetter auf einer Hütte bzw. im Gelände umplanen muss. Dasselbe gilt, wenn man keine Computerkenntnisse hat oder die entsprechende Software fehlt.
Bei älteren GPS-Geräten (ohne Touchscreen und digitale Karte) müssen wichtige Wegpunkte auf der Karte eingezeichnet und deren Koordinaten aus der Karte gemessen werden (z.B. UTM, Schweizer Gitter). Dafür sind Bleistift und Planzeiger wichtig. Ein großer Vorteil gegenüber der Arbeit mit Karte und Kompass ist, dass man jetzt Wegpunkte mitten auf dem Gletscher setzen kann. Sehr wichtig ist es, eine Wegpunktliste mit Benennung der verschiedenen Wegpunkte, Hoch- und Rechtswerten zu erstellen. Jetzt muss man die Wegpunkte per Knopfdruck in das GPS-Gerät eingeben und benennen. Im GPS-Gerät auf Funktion »neuen Wegpunkt erstellen« gehen, die aus der Karte gemessenen Koordinaten eingeben und den Wegpunkt benennen. Das wiederholt man mit den anderen Wegpunkten. Jetzt auf jeden Fall nochmals ganz genau die eingegebenen Rechts- und Hochwerte der einzelnen Wegpunkte kontrollieren. Eine falsche Zahl an der drittletzten Stelle eines Wertes würde z.B. einen Fehler im Hundertmeterbereich bringen!
Viel einfacher geht das Erstellen von Wegpunkten mit einem modernen Gerät (Touchscreen und hinterlegte, digitale Karte). Per Touch auf der Karte im Display den Wegpunkt festlegen (kann auch noch korrigiert werden bis der Punkt genau »sitzt«), benennen und speichern, fertig. Da man jetzt die Rechts- und Hochwerte nicht mehr per Knopfdruck eingeben muss, ist diese Fehlerquelle ausgeschlossen.

Route

Die Wegpunkte können zur Route (Route = Aneinanderreihung mehrerer Wegpunkte) zusammenfügt werden: Im GPS-Gerät auf Funktion »neue Route erstellen« (oder »Routenplaner«) gehen.
Darin die neuen Wegpunkte in der richtigen Reihenfolge eingeben. Die Route benennen.

Erstellen von Routen auf diese Art ist mit fast jedem GPS-Gerät möglich. Eine Option für Karten ohne Gitter ist es, die Wegpunkte zu projizieren und zur Route zusammenzufügen. Diese Funktion wird nicht von allen GPS-Geräten unterstützt: Möglich ist es z. B. mit älteren Modellen wie Garmin eTrex und eTrex Summit, Vista oder Geko 301 und natürlich mit den moderneren GPS-Geräten wie Garmin Oregon 450 oder Montana 600 etc.

Zuerst muss man den eigenen, in der Karte ersichtlichen Standort als Wegpunkt aufnehmen (z. B. Hütte) und benennen. Die wichtigen Wegpunkte für die neue Route werden jetzt wie oben in der Karte markiert. Deren Entfernung und Richtungszahl jeweils vom zuvor aufgenommenen eigenen Standort aus der Karte messen (Liste!). Dafür benötigt man einen Planzeiger mit Winkelmesser. Immer den Wegpunkt des eigenen Standorts öffnen, die Funktion »Wegpunkt-Projektion« wählen. Entfernung und Richtungszahl zum nächsten Wegpunkt eingeben, den Wegpunkt benennen. Gleiches Verfahren mit dem nächsten Wegpunkt anwenden. Dann im GPS-Gerät die Funktion »neue Route erstellen« wählen, darin die neuen Wegpunkte eingeben und die Route benennen.

Praxis auf Tour

Jetzt kann man die Route aufrufen und die Navigation aktivieren. Auf der Zielseite zeigt ein Kompass die richtige Richtung und Entfernung zum Ziel. Auf der Kartenseite erscheint eine Linie als Weg zum Ziel. Zur Übung kann man in der Praxis eine imaginäre Gletscherspalte umgehen, d. h. man entfernt sich von der Linie (Route) im Display und kehrt wieder zu ihr zurück. Kompliziertes Umgehen der Spalte mittels Kompass entfällt!

Links: Ein Wegpunkt, per Touch gesetzt, kann durch Verschieben korrigiert werden.

Rechts: Umgehen einer Gletscherspalte

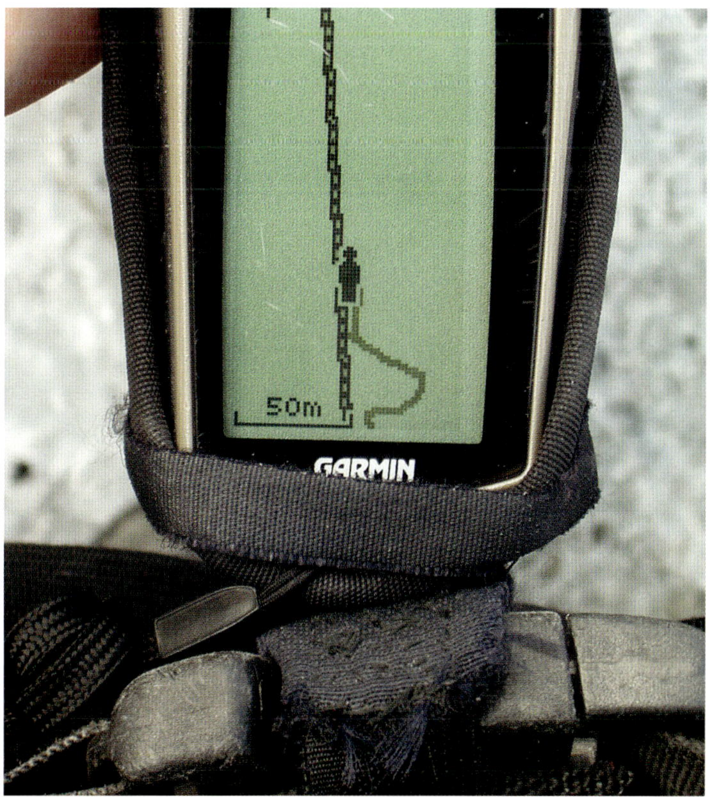

Moderne Geräte haben u. a. einen Reisecomputer. Darin kann man die Datenfelder aus vielen Möglichkeiten selbst wählen (z. B. Position, Höhe, Uhrzeit, Entfernung zum Ziel, Ankunft zum Ziel, Geschwindigkeit, vertikale Geschwindigkeit). In der Regel bleibt man für die Navigation auf der Kartenseite und kontrolliert so die eigene Position. Weitere Informationen geben der Reisecomputer und die anderen Datenfelder.

Vorsicht: Vor lauter Begeisterung aufgrund der einfachen Navigation mit dem GPS-Gerät darf man bei schlechter Sicht auf keinen Fall die Geländebeschaffenheit außer Acht lassen und sich womöglich in einen lawinengefährdeten Hang begeben! Anstatt eine Route aufzurufen kann man auch von Wegpunkt zu Wegpunkt gehen, um an das Ziel zu kommen. Aus der Wegpunktliste sucht man dafür nacheinander den nächsten Wegpunkt und aktiviert jeweils die Navigation. Nach Beendigung der Tour »Navigation Stop« nicht vergessen.

GPS/Tourenplanung mit Computer

Die Arbeit mit einem Computer und entsprechender Software vereinfacht bzw. beschleunigt die Tourenplanung und Verwaltung der Daten enorm. Die Eingabe per Tastatur und die Überspielung der Daten vom Computer per Kabel zum GPS-Gerät ist um vieles einfacher und schneller, als das mühsame Eingeben der Daten per Knopfdruck oder Touchscreen in das GPS-Gerät. Trotzdem muss man die Tourenplanung ohne Computer beherrschen. Man kann immer in die Situation kommen, eine Route unvorhergesehen auf klassische Art erstellen zu müssen.

Auf Vor- und Nachteile unterschiedlicher Software wird hier nicht eingegangen. Voraussetzung für die Planung am Computer sind digitale Karten. Digitale Karten gibt es neben vielen anderen für die Schweiz, Frankreich, Österreich und Bayern (eine microSD für kartentaugliche GPS-Geräte ist meist im Lieferumfang enthalten). Die benötigten Kartenausschnitte sind kalibriert, d. h. Rechts- und Hochwerte (Koordinaten) sind exakt.

Wenn keine digitale Karte für ein bestimmtes Gebiet existiert, kann man sich zum Eigenbedarf einen Kartenausschnitt der Papierkarte scannen und kalibrieren. Zum Kalibrieren müssen unter anderem der Maßstab, das Kartengitter (z. B. Schweizer Gitter oder WGS 84) und das Kartendatum bzw. geodätisches Datum (z. B. CH 1903 oder UTM) eingegeben werden. Die Informationen sind in der Regel auf der Karte zu finden.

Beim Kalibrieren wird man zuerst vom Menü »Karteninformationen« geführt. Dann setzt man die Referenzpunkte (am besten Schnittstellen des Kartengitters), gibt die Rechts- und Hochwerte ein und speichert die Karte ab. Beim Bewegen der Maus über den Kartenausschnitt wird automatisch der Rechts- und Hochwert angezeigt. Mit QuoVadis 6 (neueste Version QV 7) kann man Ausschnitte dieser Karten ins GPS-Gerät exportieren.

Für die Tourenplanung öffnet man die nötige Karte und geht z. B. auf die Funktion »Routenmodus«. Per Mausklick sucht man sich die wichtigen Wegpunkte aus. Das Computerprogramm verbindet die Wegpunkte per Linie automatisch zur Route. Anschließend benennt und speichert man die Route im Routenverzeichnis und schickt sie per Mausklick über das Kabel an das GPS-Gerät. Im Gelände ruft man die Route im Routenverzeichnis des GPS-Gerätes auf und aktiviert die Navigation.

Eine weitere Möglichkeit der Tourenplanung ist das Zeichnen eines Tracks. Hier muss man zwischen verschiedenen Programmen unterscheiden: Klickt man im Software-Programm Fugawi auf die Funktion »Track Modus«, hält man mit der Maus einen Bleistift in der Hand. Jetzt kann man mit Drücken der linken Maustaste eine Linie (die gewünschte Tour) in die Karte zeichnen, wobei auch Kurven möglich sind.

Danach benennt man den Track und speichert ihn im Track-Verzeichnis. Über das Kabel schickt man den Track per Mausklick an das GPS-Gerät. Im Gelände ruft man den Track im Track Manager des GPS-Gerätes auf und aktiviert die Navigation.
Fugawi unterscheidet zwischen Track und Route: Im Track-Modus kann man Kurven zeichnen. Im Routen-Modus werden Wegpunkte mit Geraden verbunden. Dasselbe passiert in anderen Software-Programmen, wenn man den Track-Modus wählt. Die Kurven bekommt man hier nur mit vielen Wegpunkten. Außerdem kann man als letzte Möglichkeit der Tourenplanung eine Reihe von wichtigen Wegpunkten per Mausklick erstellen, benennen, im Wegpunktverzeichnis speichern und wie oben per Mausklick an das GPS-Gerät senden. Die Navigation funktioniert mit »gehe zu« bzw. »los«.
Für die Verwaltung der Wegpunkte, Routen und Tracks ist es wichtig, Verzeichnisse anzulegen und entsprechend zu speichern. Ansonsten bekommt man mit der Zeit einen Haufen unübersichtlicher Datenmengen. Für eine bessere Übersicht empfiehlt es sich, die Verzeichnisse nach Gebirgsgruppen anzulegen.
Anwendungsbeispiel: Geplant ist eine einwöchige Tour ins Berner Oberland. Wegen evtl. Wetteränderungen holt man sich nicht nur alle Routen, Tracks und Wegpunkte aus dem Verzeichnis »Berner Oberland«, sondern auch »Wallis« usw. Wegpunkte, Routen und Tracks muss man systematisch benennen, z. B. Wegpunkte im Wallis mit W001, W002, WMatterhorn, im Berner Oberland mit B001, B002.

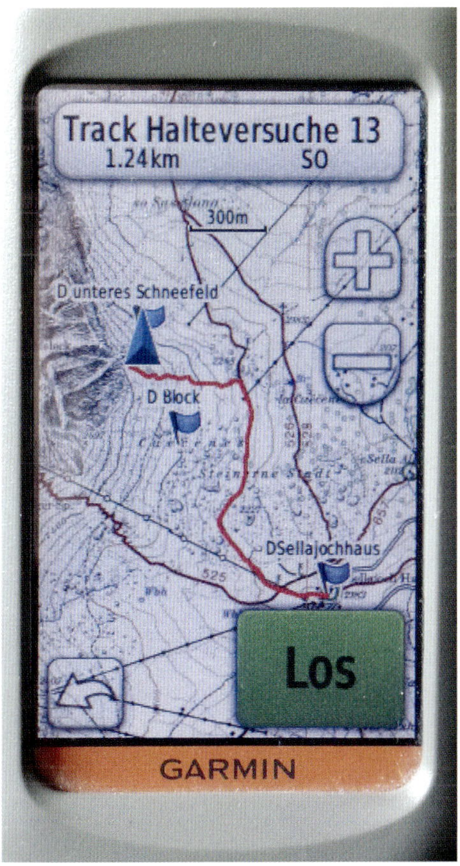

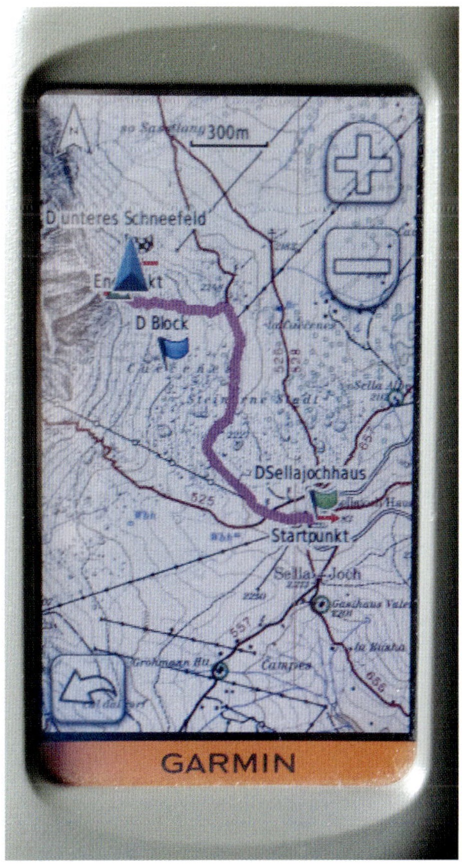

Links: Track, im Track Manager ausgesucht

Rechts: Track aktiviert, Navigationslinie auf der Karte

Selbstverständlich kann man sich aus dem Internet Tracks und Wegpunkte herunterladen. Das Vertrauen in die Quellen muss man eben mitbringen, bzw. die heruntergeladenen Tracks vor der Tour auf Plausibilität prüfen (z.B. mit digitaler Karte). Mit modernen Geräten (z.B. Garmin Oregon 450 zu Montana 600) kann man seine Tracks drahtlos untereinander austauschen.
Vorsicht: Gletscher sind in Bewegung, Spaltenzonen verschieben sich, neue Gletscherbrüche entstehen, andere verschwinden. Der Gletscherrückgang bewirkt ebenfalls Veränderungen gegenüber der Kartendarstellung. Bitte auf Überraschungen gefasst sein, wenn man Routen bzw. Tracks über Gletscher vorausplant. Das Alter der Karte bzw. die letzte Bearbeitung des Gletscherstands spielt eine große Rolle.
Wichtig: Die für die Planung am Computer oder GPS eingegebenen oder aus der Karte herausgemessene Wegpunkte sollte man in der Natur nochmals aufnehmen. Jetzt sitzt der Wegpunkt wirklich korrekt. Die am Computer oder GPS eingegebenen oder aus der Karte herausgemessenen Wegpunkte liegen oft nicht an der richtigen Stelle. Die Unterschiede liegen bei 3 bis 40 m, selten mehr. Ursachen für die Abweichung sind Fehler beim Setzen des Wegpunktes mit der Maus bzw. auf dem Touchscreen, beim Herausmessen mit Planzeiger, selten auch eine falsche Kalibrierung der Karte. Nach dem Beenden der Tour lädt man die Daten in die entsprechenden Verzeichnisse. Jetzt kann man die Tour am PC nachvollziehen, Höhenprofile anschauen, Wegpunkte und Tracks (als Linie in der Karte im Bildschirm sichtbar) bearbeiten.

Tourenvorbereitung am PC, Überspielen der Daten zum GPS-Gerät

Welche Ausrüstung benötigt man?

Verschiedenste GPS-Geräte und zugehörige Computerprogramme sind auf dem Markt. Auf jeden Fall sollte das GPS-Gerät einen elektronischen Kompass haben und die Möglichkeit, gescannte Karten zu importieren (Beispiel sind Garmin GPSmap 62s, Oregon 450, Montana 600, Holux Twonav Sportiva). Die Speichermöglichkeit von Tracks, Routen und Wegpunkten reichen bei allen GPS-Geräten sehr weit.
Für Geräte mit Batteriefach empfehle ich zum Austausch NiMH Akkus mit mindestens 2800 mAh und ein entsprechendes Ladegerät. Zwei Akkus reichen normalerweise für zwei Tagestouren. Der Akku-Verbrauch steigt mit den Farbdisplays enorm. Li-Ion Batterien sind auf Dauer teuer. Die Art der Handy-Akkus in GPS-Geräten ist schon Standard, diese halten auch viel länger.
Beispiele: Das Holux TwoNav Sportiva mit einem 1050 mAh Li-Ion Akku verbrauchte auf einer Tagesskitour im kalten Norwegen gerade mal 15 % Leistung, ich musste meine 2800er Ni-MH Akkus im Oregon 450 zweimal tauschen.
Wenn man auf einer anspruchsvollen Biketour das Display ständig anlässt, da man nicht immer eine Hand frei hat, läuft das Montana 600 mit seinem Lithium-Ionen-Akku ca. sieben Stunden bei hellem Display durch. Auf Bergtouren hat man eine Hand frei um das Touchscreen zu berühren. Am besten stellt man die Helligkeit herunter, die Beleuchtungsdauer auf 15 Sekunden

ohne Berührung und den Energiesparmodus ein. Ein weiterer Vorteil des Holux Twonav Sportiva: Es kann bei Karten und Tracks verschiedenste Formate verarbeiten (KML, KMZ, GPX, PLT usw.). Eine Tragetasche mit Klettverschluss zur Befestigung am Bauchgurt des Rucksacks ist wichtig. Für Biker gibt es entsprechende Fahrradhalterungen. QuoVadis oder Fugawi als Computerprogramm (es gibt auch kostenlose Programme) und das Kabel zur Datenübermittlung zwischen PC und GPS-Gerät werden beim GPS-Kauf mitgeliefert. Für diese Ausstattung fallen Kosten von über 500 Euro an. Die Kosten für das digitale Kartenmaterial kommen dazu. Für Smartphones mit GPS gibt es verschiedenste Apps zur Navigation, z. B. alpenvereinaktiv.com (fertige Touren, aktuelle Bedingungen und bald auch Hütten). Mit apemap lassen sich Karten für den Alpenraum laden (auch die eigene vorhandene DVD des DAV/OEAV), außerdem Wegpunkte bzw. Routen erstellen. Hier muss man aber unbedingt auf den Akkuverbrauch achten. Ein Zusatz-Akku mit Kabelanschluss wäre eine gute Lösung. Standard sind GPS-Geräte mit hochauflösendem Bildschirm, gut lesbaren Karten mit Gebirgsdarstellung und per Zoom verstellbarem Maßstab. Gute Rasterkarten (für Bergsteiger wichtig) gibt es für die Alpen digital noch nicht flächendeckend. Mit Vektorkarten kann man das Gelände abseits der Wege nicht zufriedenstellend lesen. Für Biker und Wanderer sind solche Karten mit Höhenlinien und Wegenetz (z. B. Garmin TransAlpin) ausreichend.
Durch GPS-Geräte mit hochauflösendem Display und hinterlegter Rasterkarte erledigt sich einiges an Arbeit von selbst, da man immer (bei Satellitenempfang!) weiß, wo man sich befindet. Man muss nicht zwingend am Computer vorplanen. Hier trennen sich auch zwei Typen der GPS-Nutzer: Zum einen der Jäger und Sammler von Tracks und Wegpunkten und zum anderen der Gelegenheitsnutzer, welcher gar keine Datensammlungen will. Hauptsache, man weiß immer, wo man ist, findet den Weg und kommt sicher an!

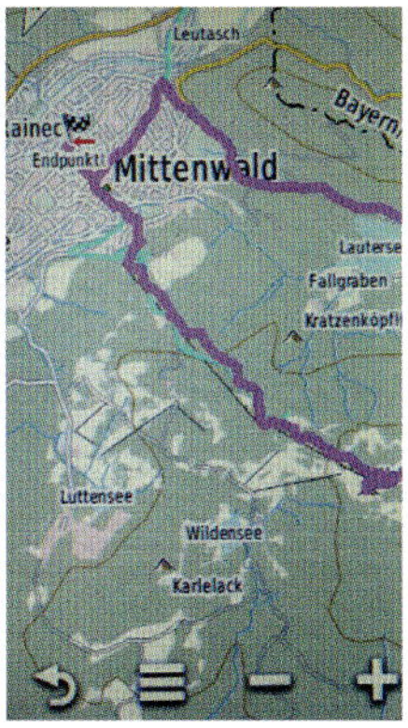

Track auf einr Vektorkarte von Garmin

Das GPS-Gerät hilft nur mit vorangegangener Übung aus dieser Situation.

Sachwortregister

Über die Autoren

Gerhard Hofmann
Diplommeteorologe, Klimatologe, seit 1975 beim Deutschen Wetterdienst, seit 1987 Ausbilder in Wetterkunde für Berg- und Skiführer, Durchführung von Fortbildungskursen für Fachübungsleiter und Jugendleiter des DAV, Mitglied des Lehrteams.

Michael Hoffmann
Diplomgeologe, staatlich geprüfter Berg- und Skiführer, Mitglied folgender Lehrteams: Bergführerausbildung, DAV-Alpin, DAV-Sportklettern, Leiter der Rotpunktschule.

Rainer Bolesch
Staatlich geprüfter Berg- und Skiführer, Mitglied im Bundeslehrteam für Bergführerausbildung und im DAV-Bundesteam.

Herausgeber:
Deutscher Alpenverein (DAV) und Verband Deutscher Berg- und Skiführer (VDBS) in Zusammenarbeit mit dem Alpenverein Südtirol (AVS)

Offizieller Lehrplan der folgenden alpinausbildenden Verbände:
- Deutscher Alpenverein
- Alpenverein Südtirol
- Verband Deutscher Berg- und Skiführer
- Bundeswehr
- Polizeibergführerverband
- Touristenverein »Die Naturfreunde«

Impressum

Bibliografische Information
Der Deutschen Nationalbibliothek
Die Deutsche Nationalbibliothek verzeichnet diese Publikation in der Deutschen Nationalbibliographie; detaillierte bibliographische Daten sind im Internet über http://dnb.d-nb.de abrufbar.

2., neu bearbeitete Auflage, Neuausgabe

BLV Buchverlag GmbH & Co. KG
80797 München

Wir danken dem Deutschen Wetterdienst für die Erlaubnis zur Verwendung seiner Grafiken für die Seiten 29 und 30.

Verwendung folgender AV-Karten mit freundlicher Genehmigung des Deutschen Alpenvereins und des österreichischen Alpenvereins: 30/2, 40, 4/3, 30/6, 31/3 auf den Seiten: 115, 116, 119, 124, 128, 129, 136, 137, 141, 142, 143

Blatt 1211, Ausschnitt Meiental auf Seite 119 unten rechts. Reproduziert mit freundlicher Bewilligung von swisstopo (BA 057327)

Karte auf Seite 115. Reproduziert mit freundlicher Bewilligung von swisstopo (BA 057 423)

Bildnachweis:
Besendorfer, E.: S. 58/59, 76/77
Bolesch, R.: S. 147–155
Hoffmann, M.: S. 117–145
Hofmann, G.: S. 8 – 52, 62 – 75, 78–111
Ritschel, R.: S. 112/113
Grafiken: Jörg Mair, München

Umschlagkonzeption: Kochan & Partner, München
Umschlagfotos: plainpicture (vorne)
Hofmann G. (hinten links), DAV (hinten Mitte),
R. Bolesch (hinten rechts)
Lektorat: Sarah Weiß, Janina Beckmann
Layoutkonzept Innenteil: Kochan & Partner, München

Herstellung: Hermann Maxant
DTP: Satz+Layout Fruth GmbH, München

Gedruckt auf chlorfrei gebleichtem Papier

Printed in Italy

ISBN: 978-3-8354-1141-8

Hinweis:
Das vorliegende Buch wurde sorgfältig erarbeitet. Dennoch erfolgen alle Angaben ohne Gewähr. Weder Autoren noch Verlag können für eventuelle Nachteile oder Schäden, die aus den im Buch vorgestellten Informationen resultieren, eine Haftung übernehmen.

Die offiziellen Kletter-Lehrpläne

Alpin-Lehrplan 2:
Klettern – Technik, Taktik, Psyche
Koordination und Klettertechnik · Taktik Sportklettern und Wettkampf, Taktik beim klassischen Felsklettern · Mentales Training, Sturzangst, Konditionstraining, Ökologie · Für Selbstlerner und begleitend zur Ausbildung: fundiertes Wissen auf höchstem Niveau.
ISBN 978-3-8354-1121-0

Alpin-Lehrplan 5:
Klettern – Sicherung und Ausrüstung
Grundlagen, Selbstsicherung, Partnersicherung, Sicherungsmethoden · Grundregeln des Sportkletterns, Tourenplanung, Kletterschein, einfache Rettungsmethoden · Ausrüstung für die verschiedenen Kletterdisziplinen, Natur- und Umweltschutz
ISBN 978-3-8354-1120-3

www.blv.de blv